机械系统设计过程及方法探究

朱定见　著

中国原子能出版社

图书在版编目(CIP)数据

机械系统设计过程及方法探究 / 朱定见著. -- 北京 :
中国原子能出版社, 2019.4

ISBN 978-7-5022-9770-1

Ⅰ. ①机… Ⅱ. ①朱… Ⅲ. ①机械系统—系统设计—
方法研究 Ⅳ. ①TH122

中国版本图书馆 CIP 数据核字(2019)第 082488 号

内容简介

本书从整体的角度和系统的观点出发,分析了机械系统的组成及其特点,阐述了机械系统的设计内容、设计过程和设计方法,主要内容包括:机械系统设计方法、机械系统的方案设计与总体设计、传动系统设计、执行系统设计、操纵系统设计、控制系统设计、机械系统实用设计技术、机械系统综合设计实践等。本书结构合理,条理清晰,内容丰富新颖,是一本值得学习研究的著作。

机械系统设计过程及方法探究

出版发行	中国原子能出版社(北京市海淀区阜成路 43 号 100048)
责任编辑	张 琳
责任校对	冯莲凤
印 刷	北京亚吉飞数码科技有限公司
经 销	全国新华书店
开 本	787mm×1092mm 1/16
印 张	13
字 数	233 千字
版 次	2019 年 7 月第 1 版 2024 年 9 月第 2 次印刷
书 号	ISBN 978-7-5022-9770-1 定 价 60.00 元

网址:http://www.aep.com.cn E-mail:atomep123@126.com
发行电话:010—68452845

前　言

随着科学技术的发展和社会的进步，人们对机械系统及装备的要求越来越高。机械系统及装备除了要实现基本的工作要求，还要具有美观、操作简便、维修容易、安全、节能、环保、智能、遥控等附加功能，因而越来越复杂，涉及的相关知识领域越来越多，如机械、电子、数学、力学、人机工程、人工智能、环境、材料等领域。传统的机械设计主要是以解决运动学和动力学的问题为主，即以实现基本工作要求为主，已不能满足现代机械系统及装备的设计要求。为了顺应时代发展，一些专家、学者提出了机械系统设计概念，有力地推动了机械系统设计的发展。

本书以现代制造业广泛使用的机械装备为典型机械系统，并兼顾其他一般机械系统，阐述机械系统设计过程及方法。本着在系统、科学的基础上，兼顾全面与重点的撰写原则，力争对机械系统设计所涉及的基本知识和基本技能综合进行全面介绍。本书不仅重点介绍机械系统的方案设计与总体设计，还介绍了机械系统设计中必不可少的重点内容，如动力与传动系统、支承系统、执行系统及操控系统等。全书共分为 9 章，主要内容如下：第 1 章机械系统与设计，第 2 章机械系统设计方法，第 3 章机械系统的方案设计与总体设计，第 4 章传动系统设计，第 5 章执行系统设计，第 6 章操纵系统设计，第 7 章控制系统设计，第 8 章机械系统实用设计技术，第 9 章机械系统综合设计实践。

本书写作的目的在于让读者了解机械系统的全貌，掌握具体的设计过程和方法。在此基础上，还要掌握相关机械设计与制造的新技术、新工艺、新材料的发展趋势，同时兼顾机械零件润滑、密封与冷却，以及机械系统安全与绿色设计的内容。在内容相对稳定的基础上，力求吸取最新科技成果，使其具有一定的前瞻性。本书在编排上突出科学性和应用性紧密结合的特点，书中阐述的机械系统设计规律和理论均强调实用性。

本书在撰写过程中参考了大量的书籍、专著和文献，在此向这些文献原作者一并表示诚挚的敬意和谢意。由于作者水平有限，加之时间仓促，书中难免存在一些不足之处，敬请广大读者和专家给予批评指正。

作　者

2018 年 11 月

目　　录

第 1 章　机械系统与设计……………………………………………………… 1
1.1　系统与机械系统 ……………………………………………………… 1
1.2　机械系统的基本特征 ………………………………………………… 1
1.3　机械系统设计的任务和原则 ………………………………………… 2
1.4　机械系统设计的一般过程 …………………………………………… 3
1.5　机械系统设计的发展趋势和前沿技术 ……………………………… 4
第 2 章　机械系统设计方法……………………………………………………… 6
2.1　创新设计方法 ………………………………………………………… 6
2.2　可靠性设计方法 ……………………………………………………… 8
2.3　有限元设计方法……………………………………………………… 13
2.4　优化设计方法………………………………………………………… 20
第 3 章　机械系统的方案设计与总体设计 ………………………………… 25
3.1　设计任务的形成与确定……………………………………………… 25
3.2　机械系统的功能分析及指标分解…………………………………… 27
3.3　机械系统的方案设计………………………………………………… 29
3.4　机械系统方案的评价………………………………………………… 30
3.5　机械系统总体设计思想……………………………………………… 33
3.6　机械系统总体布置及主要技术参数的确定………………………… 34
3.7　机械系统总体设计实例……………………………………………… 37
第 4 章　传动系统设计 ……………………………………………………… 45
4.1　传动系统概述………………………………………………………… 45
4.2　传动系统设计与分析………………………………………………… 46
4.3　有级变速传动系统的运动设计……………………………………… 48
4.4　分级变速的特殊设计………………………………………………… 54
4.5　无级变速传动系统的运动设计……………………………………… 57
4.6　传动系统设计实例…………………………………………………… 62
第 5 章　执行系统设计 ……………………………………………………… 68
5.1　执行系统概述………………………………………………………… 68

5.2　常用的典型执行机构及其主要性能特点 …… 69
5.3　执行系统的设计 …… 73
5.4　执行机构的创新设计 …… 75
5.5　执行机构设计实例 …… 88

第 6 章　操纵系统设计 …… 91
6.1　操纵系统概述 …… 91
6.2　单独和集中操纵机构 …… 92
6.3　离合、制动系的操纵机构 …… 94
6.4　操纵系统中的安全保护装置 …… 100
6.5　机械系统设计中的人机工程学及造型设计 …… 106
6.6　操纵系统设计实例 …… 112

第 7 章　控制系统设计 …… 121
7.1　控制系统概述 …… 121
7.2　常用控制方式的原理及特性 …… 122
7.3　控制电机和位置检测装置 …… 127
7.4　控制系统设计 …… 136
7.5　几种典型控制系统举例 …… 138
7.6　控制系统设计实例 …… 144

第 8 章　机械系统实用设计技术 …… 156
8.1　机械结构系统的刚度 …… 156
8.2　机械系统噪声控制 …… 156
8.3　隔振装置 …… 158
8.4　润滑、密封及冷却系统设计 …… 164
8.5　安全设计 …… 166
8.6　绿色设计 …… 167
8.7　设计实例 …… 168

第 9 章　机械系统综合设计实践 …… 174
9.1　机械系统综合设计概述 …… 174
9.2　齿轮减速器的设计 …… 175
9.3　小型标牌雕刻机的设计 …… 181
9.4　机械系统仿真设计实例 …… 189

参考文献 …… 196

第1章　机械系统与设计

机械系统是机电一体化系统的最基本要素，主要用于执行机构、传动机构和支承部件，以完成规定的动作，传递功率、运动和信息，支承连接相关部件等。机械系统通常是微型计算机控制伺服系统的有机组成部分，因此在机械系统设计时，除考虑一般机械设计要求外，还必须考虑机械结构因素与整个伺服系统的性能参数、电气参数的匹配，以获得良好的伺服性能。

1.1　系统与机械系统

系统是指具有特定功能的，相互间具有有机联系的，由许多要素构成的一个整体。一般认为，由两个或两个以上的要素组成的具有一定结构和特定功能的整体，都可看作是一个系统。

由若干机械要素组成，彼此之间有机联系，并能完成特定功能的系统称为机械系统。

1.2　机械系统的基本特征

机械系统的基本特征如下：

(1)整体性。

整体性是机械系统所具有的最重要和最基本的特性。系统是由两个或两个以上的可以相互区别的要素构成的统一体。虽然各要素具有各自不同的性能，但它们结合后必须服从整体功能的要求，相互间需协调和适应。

(2)相关性。

组成系统的要素是相互联系、相互作用的，这就是系统的相关性。相关性就是系统各要素之间的特定关系，包括系统的输入与输出的关系、各要素间的层次关系、各要素的性能与系统整体之间的关系等。

(3)层次性。

系统作为一个相互作用的诸要素的总体，它可以分解为一系列的子系统,并存在一定的层次结构,这是系统空间结构的特定形式。

(4)目的性。

系统的价值体现在实现的功能上,完成特定的功能是系统存在的目的。系统的目的性是区别这一系统和那一系统的标志。

(5)环境适应性。

任何一个系统都存在于一定的物质世界的环境中。因此,它必然也要与外界环境产生物质的、能量的和信息的交换,外界环境的变化必然会引起系统内部各要素之间输出、输入的变化,从而会使系统的输入发生变化,甚至产生干扰引起系统功能的变化。不能适应外部环境变化的系统是没有生命力的,而能够经常与外部环境保持最优适应状态的系统,才是理想的系统。

1.3 机械系统设计的任务和原则

1.3.1 机械系统设计的任务

机械系统设计的任务是开发新的机械产品,改造老的机械产品。机械系统设计的最终目的是为市场提供优质高效、价廉物美的机械产品,在市场竞争中取得优势,赢得用户,并取得较好的经济效益。任何好的、先进的机械产品,只有通过设计并采用当代各种先进的技术成果,才能成为现实。因此,设计体现了时代性和创造性。

1.3.2 机械系统设计的基本原则

机械系统的基本设计原则主要有:

(1)需求原则。

所谓需求是指对产品功能的需求,若人们没有了需求,也就没有了设计所要解决的问题和约束条件,从而设计也就不存在了。所以,一切设计都是以满足客观需求为出发点。

(2)信息原则。

设计人员在进行产品设计之前,必须进行各方面的调查研究,以获得大量的必要的信息。这些信息包括市场信息、设计所需的各种科学技术信息、制造过程中的各种工艺信息、测试信息及装配、调整信息等。

(3)系统原则。

任何一个设计任务,都可以视为一个待定的技术系统,而这个待定技术系统的功能则是如何将此系统的输入量转化成所需要的输出量。这里的输入、输出量均包括物质流、能量流和信息流。在这三大流中,有系统需要的输入、输出量,也有系统不需要的输入、输出量,如机床在加工过程中,主轴带动工件(刀具)旋转及加工出合格的零件是需要的输入、输出量;而主轴的振动、发热、噪声等是不需要的输入、输出量。设计时,应将这些不需要的输入、输出量控制在允许值范围内,且越小越好。

(4)优化、效益原则。

优化是设计人员在设计过程中必须关注的又一原则。这里的优化是广义的,包括原理优化、设计参数优化、总体方案优化、成本优化、价值优化、效率优化等。优化的目的是为了提高产品的技术经济效益及社会效益,所以,优化和效益两者应紧密地联系起来。

1.4　机械系统设计的一般过程

机械系统设计的一般过程包括:计划、外部系统设计(以下简称外部设计)、内部系统设计(以下简称内部设计)、制造、销售、产品使用和回收等阶段。各阶段的工作步骤和内容如下所述。

(1)计划。

根据产品发展规划和市场需要提出设计任务书,或由上级主管部门下达计划任务书,明确设计目的和必须达到的功能要求。

(2)外部设计。

①调查研究。进行市场调查,占有技术情报和资料,掌握外部环境条件,预测市场趋势。

②可行性研究。进行技术研究和费用预测,对市场前景、投资环境、生产条件及规模、生产组织、成本与效益分析,提出可行性研究报告。

③系统计划。明确设计任务、目的和要求,搞清外部环境的作用和影响,制作系统开发计划书。

(3)内部设计。

①初步设计。根据工作原理,制订设计总体方案,对可行的各方案进行分析比较后进行总体布置设计,关键性零部件的试验研究。

②系统分解。将总体分解成子系统,绘制系统图,以便于分析和设计。

③系统分析。分析和确定该系统的目的和要求,进行模型化,优化与评

价，确定最佳的系统方案。

④技术设计。进行子系统的技术设计和总体系统的技术设计，计算并确定出主要尺寸，绘制部件装配图和总图，必要的关键性试验。

⑤工作图设计。绘制全部的零件工作图，编写各种技术文件和说明书。

⑥鉴定和评审。对设计进行全面的技术、经济评价，分析内部系统对环境的作用和影响。

(4)制造和销售。

①样机试制。试制并做样机试验。

②样机鉴定和评审。对样机进行全面的鉴定和评审。

③改进设计。对不能满足系统要求的技术、经济指标进行分析，根据样机鉴定和评审意见修改设计。

④小批试制。对单件生产的产品，经修改、试验、调整后，投入运行考核，并在运行中不断改进与完善。对大量生产的产品，通过小批试制进一步考核设计的工艺性，并不断修改和完善设计，同时进行工艺装备的准备工作。

⑤定型设计。完善全部工作图、技术文件和工艺文件。

⑥销售。

(5)产品使用。

将产品投入到实际应用中，并且不断反馈产品信息、检验产品质量、改进产品性能。

(6)产品回收。

把退出应用领域的产品回收，实现资源的再利用，原因是人们对环境保护和废品再利用的认识不断提高。

1.5　机械系统设计的发展趋势和前沿技术

随着新工艺、新材料和新技术的不断涌现，机械系统的设计理论和方法的不断发展，机械系统设计已经从传统的半理论、半经验的静态设计，逐步转化为以计算机技术为基础的高质量、高性能的动态设计，并向信息化、快速化、网络化、虚拟化和智能化等方向发展，其前沿设计技术主要有模块化设计，协同设计、绿色设计、虚拟设计和动态设计等。

(1)模块化设计。

模块化设计是在产品功能分析的基础上，把产品分解成具有某种功能的一个或几个模块，通过选择和组合这些模块形成不同的机械产品。利用模块化设计，可以在开发具有多功能的不同产品时，不必致力于对每种产品的单独设计，而是精心设计出多种模块，把这些模块经过不同方式的组合形成不同的产品，以解决产品品种、规格与设计制造周期、成本之间的矛盾。

(2)协同设计。

协同设计是指在计算机支持的协同工作环境中，通过对复杂结构产品设计过程的重组、建模优化等建立产品协同开发流程，利用现代产品数据管理、CAD/CAM/CAPP、虚拟设计等集成技术与工具，进行系统化的协同设计工作模式。协同设计依赖于多学科知识的支持，具备资源共享能力，不同部门的设计人员可以参与技术交流，是一个集成多层技术的庞大的信息系统。

(3)绿色设计。

绿色设计是在产品的整个生命周期内（策划、设计、制造、运输、运行、报废与回收等）着重考虑产品的环境属性（自然资源的利用、对环境和人的影响、可拆卸性、可回收性、可重复利用性等），并将其作为设计目标，在满足环境目标要求的同时，并行地考虑并保证产品应有的基本功能、使用寿命、经济性和质量等。

(4)虚拟设计。

虚拟设计是指在虚拟现实环境中从事设计活动。虚拟设计是以虚拟现实技术为基础，以机械产品为对象的设计手段。虚拟设计系统支持多用户并行操作，不同领域的可以在同一个设计环境中对产品的虚拟原型从不同方面进行分析，避免了在传统产品开发模式下各部门对设计的孤立修改和交流困难问题。借助虚拟设计技术，可以对产品开发和工作的全过程进行计算机模拟，甚至可以在虚拟设计环境中进入产品模型的内部进行工作性能分析。

(5)动态设计。

在各种可变载荷和复杂环境因素的作用下，机械系统不但要完成预定的功能，还要满足动态性能的要求。动态设计就是要解决机械系统设计中动态性能的问题。与传统的静态设计相比较，动态设计考虑的影响因素要复杂得多。

动态设计技术是机械系统现代设计中最重要的技术之一，是结构设计的核心与关键部分。它将直接关系到机械产品的动态性能、工作性能，以及产品运行的可靠性和使用寿命等。

第2章 机械系统设计方法

机械系统设计方法是把涉及对象看作一个完整的技术系统，然后用系统工程方法对系统各要素进行分析与综合，使系统内部协调一致，并使系统与环境相互协调，以获得整体最优化设计。

2.1 创新设计方法

2.1.1 创新与设计

2.1.1.1 创新的含义

创新活动是一种社会活动，它不可能离开社会实践，更不可能不对社会产生一定影响。于是，根据创新活动对社会的影响效果，可将创新活动分为正向创新活动和负向创新活动两大类。凡是有利于(或者至少无害于)社会发展、符合社会公德的创新活动，可称为正向创新活动，如哥白尼日心说的创立、核电站的诞生、电视机的问世、拉链的出现等。相反，凡是不利于社会发展、违背社会公德的创新活动，则称为负向创新活动，如从事那些我国专利法中明文规定的“违反国家法律、社会公德或者妨害公共利益的发明创造”的活动以及互联网上各类“黑客”的活动等。应该指出，在某些情况下，就创新本身而言是难以明确判断其创新活动的正向性或负向性的，如原子弹及各类武器的发明等。甚至，有些内容完全相同的创新活动在不同时期、不同地点、不同社会背景之下，还可能具有正、负互相转化的趋势。因此，我们极力主张人们做有利于社会发展、造福于人类的“创新活动”。

2.1.1.2 创新与设计

创新是设计的本质属性，一个不包含任何新的技术要素的方案称不上是设计。按照创新的程度，设计可以分为三类：①开发型设计，是指在设计原理方案未知的情况下，根据功能要求和设计约束进行的全新的创造，如爱迪生发明电灯泡；②适应型设计，是指在总的方案和原理不变的情况下，根据生产技术的发展和使用要求的变化对产品的结构和性能进行更新改造，如上文所说的电熨斗的设计；③变参数型设计，是指在功能、原理、方案不变的情况下，只对结构设置和尺寸加以改变，如进行减速器的设计。

世界文明的发展已经充分证明，创新是人类文明进步的原动力，是技术进步、经济发展的源泉。创新是设计的本质，也是设计活动的最终目标，在现代设计方法中，强调创新设计是为了使设计者更充分地发挥创造力，更好地利用最新科技成果，设计出更具竞争力的新颖产品。创造性思维是创造发明的源泉和核心；创造原理是建立在创造性思维之上的人类从事创造活动的途径和方法的总结；创造技法则以创造原理为指导，是人们在实践的基础上总结出的从事发明创造的具体操作步骤和方法，是进行创造发明和创新设计的理论基础。为此，设计者需要对创造性思维的特点、形成过程及与其他类型思维的关系、创造原理与创造技法等有所掌握和认识。

2.1.2 创造技法

创新技法有几百种。其中不少的创新技法可在进行功能原理方案构思时加以采用，如智爆法、列举法、设问法、联想法、类比法、组合法等。创新技法是并行创造时的一些技巧和方法，掌握一些行之有效的创新技法，可以有助于创新者开动脑筋，打开思路，获得事半功倍的效果。

下面介绍几种常用的创新技法。

(1)智爆法。

智爆法是以小组讨论某问题的形式，通过发散思维、思维激励，形成创见的方法。智爆原理是精神病理学的一个术语，指精神病人的胡思乱想，现在转为无限的自由联想和讨论，是抓住灵感意识流而得到的一些新想法的方法。这种集体联想方式可以创造知识互补、思维共振、相互激励、开拓思路。智爆法一般通过一种特殊的小型会议，使参加会议的人员围绕某一课题相互启发、激励，相互取长补短，引起创造性设想的连锁反应，产生众多的创造性成果。

智爆法是通过召开会议的办法产生创新的方案。智爆法讲求会议的环境和气氛，与会者人人平等，无压抑感，心情轻松，即使出现怪诞的构想也被尊重。

(2)列举法。

借助对一具体的特定对象从逻辑上进行分析，并将其本质的内容全面地罗列的方法，如某一事物的特性、缺点、希望和新设想等。

缺点列举法就是找出事物的缺点，选择最容易下手、最有价值的对象作创新主题，就是挑毛病，找出改进方案。

希望列举法是按设计者的意愿提出各种新的设想。人们希望能像鸟一样在天空中飞翔，于是发明了飞机，希望能在黑夜中视物而发明了红外线夜视装置，希望能与鱼一样在水中遨游，研制出了潜水艇。

特性列举法是将所需创新的机械特性进行分析，一一列出，并找出有效的创新方法，从中引出具有独特性的方案，再进行讨论和评价。

(3)组合法。

组合法是将现有的科学技术原理、现象、产品或方法进行组合，形成新的思想或新的产品。例如，航天飞机是飞机与火箭技术的组合。收录机是收音机和录音机的组合。CT 扫描仪是 X 射线照相装置与电子计算机的组合。

(4)移植法。

移植法是将某一领域的科学原理、方法、成果应用到另一领域中去的一种方法。激光技术、电火花技术应用于机械加工，产生了激光切割机、电火花加工机。采用移植法可以进行功能原理方案突破性的创新。

(5)功能思考法。

功能思考法是以事物的功能要求为出发点，广泛进行思考，从而进行新的构思。任何机械产品都是为了满足某种需要而产生的。这样，从功能出发就可以做多种多样功能原理方案的设计。

以上五种创新技法，在我们进行机械系统设计时会产生很大的效用，对机械的创造发明很有实用价值。在进行某一机械系统设计时并不只用一种创新技法，而是根据实际情况，将多种创新技法同时应用。

2.2 可靠性设计方法

2.2.1 可靠性设计和可靠性工程

可靠性设计(Reliability Design)是建立在概率统计理论基础上的以实现产品的可靠性为目的的设计技术。它包括为实现产品的可靠性所必要的设计和全部计划项目，并使产品的可靠性得以保持的一系列设计程序。可靠性设计包括的内容非常广泛，它贯穿于产品的整个寿命周期。

可靠性工程作为可靠性学科的一个分支，它包括下面的一些内容：

①应用可靠性理论预测与评价产品。

②零件的可靠性预测或可靠性评价。

③应用于产品、零部件设计中的可靠性设计。

④综合各方面的因素，考虑设计最佳效果的可靠性分配和可靠性优化。

⑤考虑维修因素系统的可维修性与可利用性的估价与设计。

⑥做以上各分支基础的可靠性实验及其数据处理。

2.2.2 可靠性设计的理论基础——概率统计学

在产品的运行过程中，总会发生各种各样的偶然事件(故障)。也就是说，人们不知道这些事件是不是会发生，发生的可能性有多大，何时会发生，在什么条件下发生。这种偶然事件的内在规律很难找到，甚至是很难捉摸的。但是，偶然事件也不是完全没规律可循，如果从统计学的角度去观察，偶然事件也存在着某种必然规律。概率论就是一门研究偶然事件中必然规律的学科，这种规律一般反映在随机变量与随机变量发生的可能性之间的关系上。用来描述这种关系的数学模型很多，其中最典型的是正态模型

$$f(t)=\frac{1}{2.506\ 628\sigma}\mathrm{e}^{\left[-\frac{1}{2}\left(\frac{t-u}{\sigma}\right)^{2}\right]}$$

式中，t 为随机变量；u 为平均值；σ 为标准差。

随机变量 t 在某点以前发生的概率可按下式计算

$$F(t)=\int_{-\infty}^{t}f(t)\mathrm{d}t$$

$F(t)$ 称为随机变量 t 的分布函数或称积分分布函数。

2.2.3 可靠性指标

2.2.3.1 可靠度

可靠度是产品在规定条件下和规定时间内，完成规定功能的概率，一般记为 R。它是时间的函数，故也记为 $R(t)$，称为可靠度函数。

如果用随机变量 T 表示产品从开始工作到发生失效或故障的时间，当 T 的概率密度 $f(t)$ 为已知时，若用 t 表示某一指定时刻，则产品在该时刻的可靠度为

$$R(t)=P(T>t)=\int_{t}^{\infty}f(t)\mathrm{d}t$$

当 T 的概率密度未知时，在可靠性试验中如有 N 个样本被试，其中有 $N_f(t)$ 个在 t 时刻以前产生故障，$N_a(t)=N-N_f(t)$ 个样本在继续工作，则 t 时刻的可靠度的观测值为

$$\hat{R}(t)=\frac{N_a(t)}{N}=\frac{N-N_f(t)}{N}$$

式中，$N_a(t)$ 称为未故障数（或残存数）；$N_f(t)$ 称为故障数（失效数）。

可靠度 $R(t)$ 与时间 t 的关系曲线如图 2-1 所示。显然，任何产品的可靠度都是随着时间的增长而逐渐下降的。

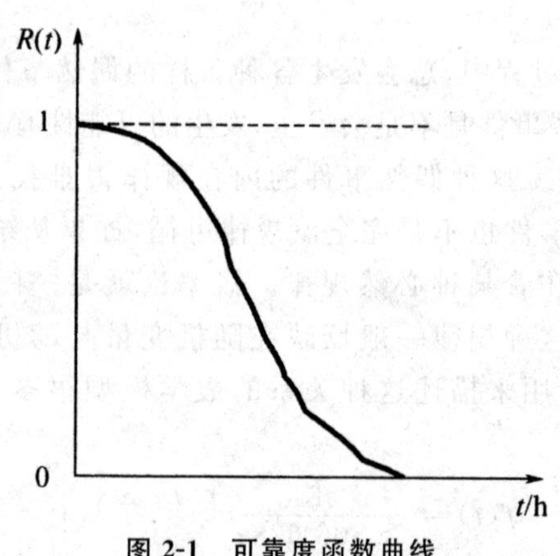

图 2-1　可靠度函数曲线

2.2.3.2　累积失效概率

累积失效概率是产品在规定条件下和规定时间内未完成规定功能（即发生故障或失效）的概率，它表现为[0,1]区间的某个数值。根据互补定理，系统从开始起动运行至不出现失效的概率，一般记为 F 或 $F(t)$。

$$F(t)=1-R(t)$$

当 T 的概率密度 $f(t)$ 为已知时，则 $F(t)$ 也可表示为

$$F(t)=P(T\leqslant t)=\int_{-\infty}^{t}f(t)\mathrm{d}t$$

当 T 的概率密度未知时，在可靠性试验中，如有 N 个样本被试，其中有 $N_f(t)$ 个在 t 时刻以前产生故障，则 t 时刻的 $F(t)$ 的观测值为

$$\hat{R}(t)=\frac{N_f(t)}{N}=1-R(t)$$

累积失效概率 $F(t)$ 与时间 t 的关系曲线如图 2-2 所示。显然，任何产品的累积失效概率都是随着时间的增长而逐渐增大的。

失效率是指工作到某时刻尚未失效的产品，在该时刻后单位时间内

发生失效的概率。一般记为 λ 或 $\lambda(t)$，称为失效率函数，有时也称为故障率函数。

按上述定义，失效率是在时刻 t 尚未失效，产品在 $t+\Delta t$ 的单位时间内发生失效的条件概率。若已知 T 的概率密度 $f(t)$，即有

$$\lambda(t)=\lim_{\Delta t\to 0}\frac{P(t<T\leqslant t+\Delta t/T)}{\Delta t}=\frac{f(t)}{R(t)}$$

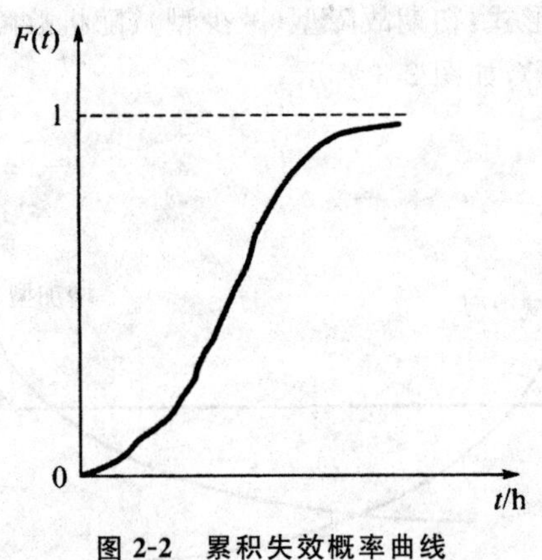

图 2-2　累积失效概率曲线

2.2.3.3　期望寿命

期望寿命即平均无故障工作时间，可由下式计算

$$E(t)\int_0^\infty tf(t)\mathrm{d}t=\int_0^\infty R(t)\mathrm{d}t$$

平均无故障工作时间是个很重要的指标，因为它是个比较直观的尺度。对于某些长寿命产品，如电视机、冰箱、汽车等都用这一指标来规定其可靠性。平均无故障工作 t 时间有两种表达形式：一种称为 MTTP(Mean Time To Failure)，它表示故障前运行时间的平均值；另一种称为 MTBF(Mean Time Between Failure)，它表示故障间隔的平均时间。

2.2.3.4　失效率和失效率曲线

失效率是指工作到某时刻尚未失效的产品，在该时刻后单位时间内发生失效的概率。一般记为 λ 或 $\lambda(t)$，称为失效率函数，有时也称为故障率函数。

按上述定义，失效率是在时刻 t 尚未失效，产品在 $t+\Delta t$ 的单位时间内发生失效的条件概率。若已知 T 的概率密度 $f(t)$，即有

$$\lambda(t)=\lim_{\Delta t\to 0}\frac{P(t<T\leqslant t+\Delta t/T)}{\Delta t}=\frac{f(t)}{R(t)}$$

2.2.3.5 故障率和故障率函数

某一产品，已经安全运行了某段时间间隔$[0,t]$，而在下一段时间间隔$[t,t_1]$内，产品的失效概率称为故障率。换句话说，故障率表示故障即将发生的速率。故障率用故障率函数来计算

$$h(t)=f(t)/R(t)$$

故障率有三种形式：初期故障型(减少型)、随机故障型(常数型)和集中耗损故障型(增加型)，如图 2-3 所示。

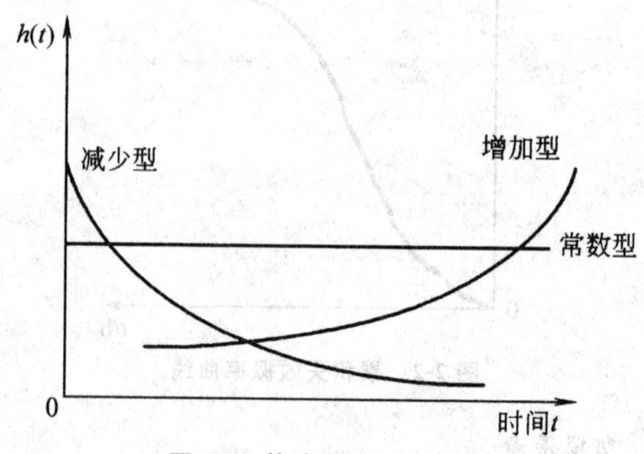

图 2-3 故障率的三种形式

减少型常发生在产品投入运行初期，为了消除初期失效，在产品交付用户前，应在较为苛刻的条件下试行一段时间，以便发现故障并将其去除。

常数型失效形式随机发生，一般存在于比较复杂的系统中。

增加型是在产品运行一段时间后，故障发生的概率突然开始增加，预测这一时间意义非常重大。

可靠性指标中可靠度 $R(t)$、累积失效概率 $F(t)$、概率密度 $f(t)$ 和失效率 $\lambda(t)$ 是四个基本函数，只要知道其中两个，则所有变量均可求得。其关系如表 2-1 所示。

表 2-1 四个基本函数及其可靠性指标

可靠性指标	$R(t)$	$F(t)$	$f(t)$	$\lambda(t)$
$R(t)$	—	$1-F(t)$	$\int_t^{\infty} f(t)\mathrm{d}t$	$\mathrm{e}^{-\int_0^t \lambda(t)\mathrm{d}t}$
$F(t)$	$1-R(t)$	—	$\int_{-\infty}^{t} f(t)\mathrm{d}t$	$1-\mathrm{e}^{-\int_0^t \lambda(t)\mathrm{d}t}$

续表

可靠性指标	$R(t)$	$F(t)$	$f(t)$	$\lambda(t)$
$f(t)$	$-\dfrac{\mathrm{d}R(t)}{\mathrm{d}t}$	$\dfrac{\mathrm{d}F(t)}{\mathrm{d}t}$	—	$\lambda(t)\mathrm{e}^{-\int_0^t \lambda(t)\mathrm{d}t}$
$\lambda(t)$	$-\dfrac{\mathrm{d}\ln R(t)}{\mathrm{d}t}$	$\dfrac{\mathrm{d}F(t)}{\mathrm{d}t}\ \dfrac{1}{1-F(t)}$	$\dfrac{f(t)}{\int_t^{\infty} f(t)\mathrm{d}t}$	—

2.3　有限元设计方法

1960 年 Clough 在处理平面弹性问题时，第一次提出并使用"有限元方法"(Finite Element Method)的名称。如图 2-4 所示是有限元理论的发展过程。

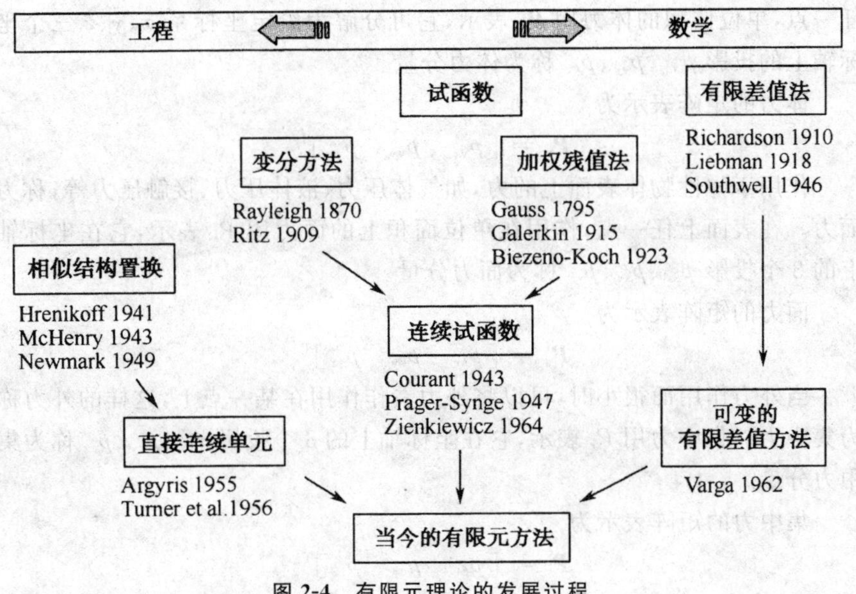

图 2-4　有限元理论的发展过程

2.3.1　有限元法的概念

有限元法是建立在变分原理基础之上，有限元分析时，首先将物体离散成若干小单元，给定边界条件、载荷和材料特性，求解线性或非线性方程组，得到位移、应力、应变、内力等结果，最后在计算机上使用图形技术显示计算结果。

在工程技术领域内常用的离散化数值模拟方法包括：有限单元法、边界元法和有限差分法。有限单元法作为一种离散化的数值模拟分析方法，首先应用在结构分析领域。其后，随着有限单元法发展迅速，其应用范围迅速扩展到各个工程领域，成为连续介质问题数值解法中最活跃的数值模拟方法。

2.3.2 平面问题有限元分析

2.3.2.1 弹性力学有关知识

(1)载荷。

外界作用于弹性物体上的力称为载荷，载荷是一种外力，有体力、面力和集中力三种形式。

作用于弹性物体内部的力，如重力、惯性力等，称为外力。在弹性体内任一点，单位体积的体力用 $\boldsymbol{P}_v$ 表示，它可分解为给定坐标系 x、y、z 三个坐标轴上的投影 p_{vx}、p_{vy}、p_{vz} 称为体力分量。

体力的矩阵表示为

$$\boldsymbol{P}_v = [p_{vx} \quad p_{vy} \quad p_{vz}]^T$$

作用于弹性物体表面上的力，如气体压力、液体压力、接触压力等，称为面力。在表面上任一点，作用在单位面积上的面力用 $\boldsymbol{P}_s$ 表示，它在坐标轴上的 3 个投影 p_{sx}、p_{sy}、p_{sz} 称为面力分量。

面力的矩阵表示为

$$\boldsymbol{P}_s = [p_{sx} \quad p_{sy} \quad p_{sz}]^T$$

当外力作用面很小时，可以将外力看作作用在某一点上，这样的外力称为集中力。集中力用 P_c 表示，它在坐标轴上的 3 个投影 p_{cx}、p_{cy}、p_{cz} 称为集中力分量。

集中力的矩阵表示为

$$\boldsymbol{P}_c = [p_{cx} \quad p_{cy} \quad p_{cz}]^T$$

(2)应力。

弹性物体受到载荷作用力后，其内部产生的力称为内力，弹性物体内部某一点作用于某个截面单位面积上的内力称为应力(Stress)，应力是内力在单位截面上密度的体现。

为研究弹性体内某一点的应力，从该点附近切出一个微小六面体，称为微分体，其棱边分别平行于 3 个坐标轴，如图 2-5 所示。

微分体每个表面上的应力可分解为一个正应力和两个剪应力。垂直于表面的应力称为正应力(Normal Stress)，用字母 σ 表示，并附加一个下角标，以表示应力的作用面和作用方向。如 σ_x 表示作用在垂直于 x 轴的平面上、沿 x 轴方向的正应力。平行于表面的应力称为剪应力(Shear Stress)，用字母 τ 表示，并加上两个下角标，前一个表示 τ 的作用面垂直于哪一个坐标轴，后一个表示作用方向。例如，τ_{xy} 是作用在垂直于 x 轴的平面上且沿着 y 轴方向的剪应力。微分体上的应力，如图 2-5(a)所示。

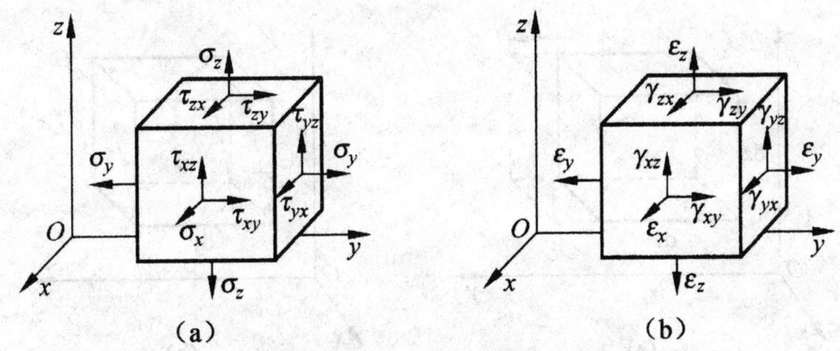

图 2-5 微分体上的应力和应变分量

(a)微分体上的应力；(b)微分体上的应变

根据剪应力互等定律，微分体上 6 个剪应力有如下关系

$$\tau_{xy}=\tau_{yx}, \tau_{xz}=\tau_{zx}, \tau_{yz}=\tau_{zy}$$

因此，微分体上只有 6 个独立应力，即 3 个正应力 σ_x、σ_y、σ_z 和 3 个剪应力 τ_{xy}、τ_{yz}、τ_{zx}。

某一点在不同方向截面上的应力是不同的，但任意斜截面上的应力都可通过上述 6 个应力求出，同时也可求得该点的最大、最小正应力和剪应力。也就是说，这 6 个应力决定了一点的应力状态，称为该点的应力分量。矩阵表示为

$$\sigma=[\sigma_x \quad \sigma_y \quad \sigma_z \quad \tau_{xy} \quad \tau_{yz} \quad \tau_{zx}]^{\mathrm{T}}$$

由于弹性体内各点的应力状态不一定相同，因此应力分量不是常量，而是坐标 x、y、z 的函数，由各点应力组成的物理场称为应力场。

(3)应变。

弹性物体受到外力作用后会产生形变，受力点附近的微分体的棱边长度和它们的夹角都会发生变化。棱边每单位长度的伸缩量称为正应变(Normal Strain)，两棱边之间的直角改变称为剪应变(Shear Strain)。

正应变用字母 ε 表示，下角标表示正应变的方向，正应变以伸长为正，

缩短时为负。剪应变用字母 γ 表示，两个下角标表示两个方向的棱边，剪应变以直角减小为正，增大为负。微分体上的应变如图 2-5(b)所示，应变的几何意义如图 2-6 所示。

同样，微分体上存在 6 个独立应变 ε_x、ε_y、ε_z、γ_{xy}、γ_{yz}、γ_{zx}，只要知道这 6 个应变，便可求出该点任意方向棱边的正应变和剪应变。即这 6 个应变决定了一个点的应变状态，称为应变分量。矩阵表示为

$$\varepsilon=[\varepsilon_x \quad \varepsilon_y \quad \varepsilon_z \quad \gamma_{xy} \quad \gamma_{yz} \quad \gamma_{zx}]^{\mathrm{T}}$$

应变分量同样不是常量，也是坐标 x、y、z 的函数。

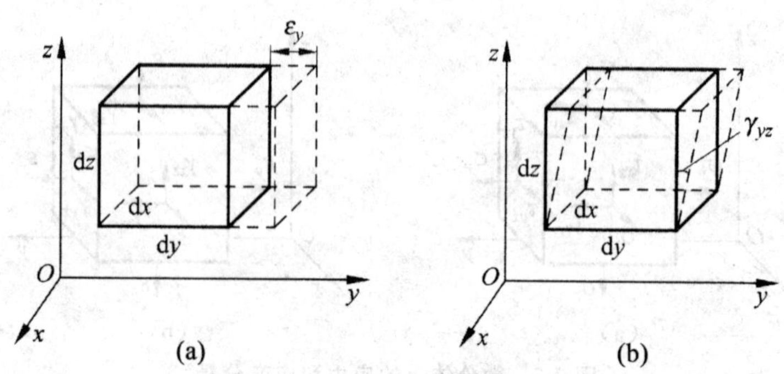

图 2-6 应变的几何意义

(a)正应变的几何意义；(b)剪应变的几何意义

(4)位移。

弹性体质点位置的改变称为位移(Displacement)，用 d 表示。位移可分解为 x、y、z 这 3 个坐标轴上的投影，u、v、w 为位移分量。沿坐标轴正方向的位移分量为正，反之为负。

位移的矩阵表示为

$$d=[u \quad v \quad w]^{\mathrm{T}}$$

弹性体发生变形时，各质点的位移不一定相同，因此位移仍为 x、y、z 的函数。由各点位移组成的物理场称为位移场。

2.3.2.2 弹性力学基本方程

弹性力学基本方程描述弹性体的应力、应变、位移以及外力之间的关系，包括平衡方程、几何方程和物理方程三类，本节将直接给出三类方程的形式。

(1)平衡方程。

处于平衡状态的弹性体，受到外力作用将发生变形，变形到一定程度后将达到新的平衡状态。这时对于弹性体内的微分体，其应力和体力在 x、y、

z 这 3 个方向应分别满足以下平衡方程

$$\begin{cases}\dfrac{\partial\sigma_x}{\partial x}+\dfrac{\partial\tau_{xy}}{\partial y}+\dfrac{\partial\tau_{zx}}{\partial z}+p_{vx}=0\\[2ex]\dfrac{\partial\tau_{xy}}{\partial x}+\dfrac{\partial\sigma_y}{\partial y}+\dfrac{\partial\tau_{yz}}{\partial z}+p_{vy}=0\\[2ex]\dfrac{\partial\tau_{zx}}{\partial x}+\dfrac{\partial\tau_{yz}}{\partial y}+\dfrac{\partial\sigma_z}{\partial z}+p_{vz}=0\end{cases}$$

平衡方程是微分体必须满足的条件，它说明 6 个应力分量是通过 3 个平衡方程相互联系起来的。

(2)几何方程。

几何方程描述几何量应变和位移之间的关系，这些关系用以下 6 个方程描述

$$\begin{cases}\varepsilon_x=\dfrac{\partial u}{\partial x}\\[2ex]\varepsilon_x=\dfrac{\partial v}{\partial y}\\[2ex]\varepsilon_x=\dfrac{\partial w}{\partial z}\\[2ex]\gamma_{xy}=\dfrac{\partial u}{\partial y}+\dfrac{\partial v}{\partial x}\\[2ex]\gamma_{yz}=\dfrac{\partial v}{\partial z}+\dfrac{\partial w}{\partial y}\\[2ex]\gamma_{zx}=\dfrac{\partial w}{\partial x}+\dfrac{\partial u}{\partial z}\end{cases}$$

写成矩阵形式为

$$\varepsilon=\begin{bmatrix}\varepsilon_x\\\varepsilon_y\\\varepsilon_z\\\gamma_{xy}\\\gamma_{yz}\\\gamma_{zx}\end{bmatrix}=\begin{bmatrix}\dfrac{\partial u}{\partial x}\\[2ex]\dfrac{\partial v}{\partial y}\\[2ex]\dfrac{\partial w}{\partial z}\\[2ex]\dfrac{\partial u}{\partial y}+\dfrac{\partial v}{\partial x}\\[2ex]\dfrac{\partial v}{\partial z}+\dfrac{\partial w}{\partial y}\\[2ex]\dfrac{\partial w}{\partial x}+\dfrac{\partial u}{\partial z}\end{bmatrix}=\begin{bmatrix}\dfrac{\partial}{\partial x}&0&0\\[2ex]0&\dfrac{\partial}{\partial y}&0\\[2ex]0&0&\dfrac{\partial}{\partial z}\\[2ex]\dfrac{\partial}{\partial y}&\dfrac{\partial}{\partial x}&0\\[2ex]0&\dfrac{\partial}{\partial z}&\dfrac{\partial}{\partial y}\\[2ex]\dfrac{\partial}{\partial z}&0&\dfrac{\partial}{\partial x}\end{bmatrix}$$

几何方程描述了应变和位移之间的关系，说明一点的 6 个应变分量可用 3 个位移分量表示，因此 6 个应变分量也不是独立的。

(3)物理方程。

物理方程是用来描述应力分量与应变分量之间的关系，物理方程共有6个，其形式为

$$\begin{cases}\varepsilon_x = \dfrac{1}{E}(\sigma_x - \mu\sigma_y - \mu\sigma_z) \\ \varepsilon_y = \dfrac{1}{E}(\sigma_y - \mu\sigma_z - \mu\sigma_x) \\ \varepsilon_x = \dfrac{1}{E}(\sigma_z - \mu\sigma_x - \mu\sigma_y) \\ \gamma_{xy} = \dfrac{1}{G}\tau_{xy} \\ \gamma_{yz} = \dfrac{1}{G}\tau_{yz} \\ \gamma_{zx} = \dfrac{1}{G}\tau_{zx}\end{cases} \tag{2-1}$$

式中，E 为材料的弹性模量；G 为剪切弹性模量；μ 为泊松比。它们满足

$$G = \frac{E}{2(1+\mu)} \tag{2-2}$$

从式(2-1)的前三式解出 σ_x、σ_y、σ_z，从后三式解出 τ_{xy}、τ_{yz}、τ_{zx}，同时考虑式(2-2)后，物理方程也可写成矩阵形式

$$\sigma = \begin{bmatrix}\sigma_x \\ \sigma_y \\ \sigma_z \\ \tau_{xy} \\ \tau_{yz} \\ \tau_{zx}\end{bmatrix}$$

$$= \frac{E(1-\mu)}{(1+\mu)(1-2\mu)}\begin{bmatrix} 1 & \frac{\mu}{1-\mu} & \frac{\mu}{1-\mu} & 0 & 0 & 0 \\ \frac{\mu}{1-\mu} & 1 & \frac{\mu}{1-\mu} & 0 & 0 & 0 \\ \frac{\mu}{1-\mu} & \frac{\mu}{1-\mu} & 1 & 0 & 0 & 0 \\ 0 & 0 & 0 & \frac{1-2\mu}{2(1-\mu)} & 0 & 0 \\ 0 & 0 & 0 & 0 & \frac{1-2\mu}{2(1-\mu)} & 0 \\ 0 & 0 & 0 & 0 & 0 & \frac{1-2\mu}{2(1-\mu)} \end{bmatrix}$$

简写为

$$\sigma = [\boldsymbol{D}]\varepsilon$$

式中

$$[\boldsymbol{D}]=\frac{E(1-\mu)}{(1+\mu)(1-2\mu)}\begin{bmatrix} 1 & \frac{\mu}{1-\mu} & \frac{\mu}{1-\mu} & 0 & 0 & 0 \\ \frac{\mu}{1-\mu} & 1 & \frac{\mu}{1-\mu} & 0 & 0 & 0 \\ \frac{\mu}{1-\mu} & \frac{\mu}{1-\mu} & 1 & 0 & 0 & 0 \\ 0 & 0 & 0 & \frac{1-2\mu}{2(1-\mu)} & 0 & 0 \\ 0 & 0 & 0 & 0 & \frac{1-2\mu}{2(1-\mu)} & 0 \\ 0 & 0 & 0 & 0 & 0 & \frac{1-2\mu}{2(1-\mu)} \end{bmatrix}$$

称为弹性矩阵，由材料的弹性模量 E 和泊松比 μ 确定，与坐标无关。

2.3.2.3　平面问题

一般我们所说的结构就在三维空间而言，即空间结构，但是当结构形状和载荷具有某种特殊性时，可以将空间问题转化为平面问题。平面问题分平面应力问题和平面应变问题两类，本章仅介绍平面应力问题，所指的平面问题也是指平面应力问题。

若结构厚度尺寸远小于截面尺寸，即结构形状呈薄板形，且载荷平行于板平面且沿厚度方向均匀分布，则这种问题可称为平面应力问题，如图 2-7 所示。链传动中的链片、发动机中的连杆、内燃机的飞轮和齿宽较小的直齿圆柱齿轮都可视为平面应力问题。

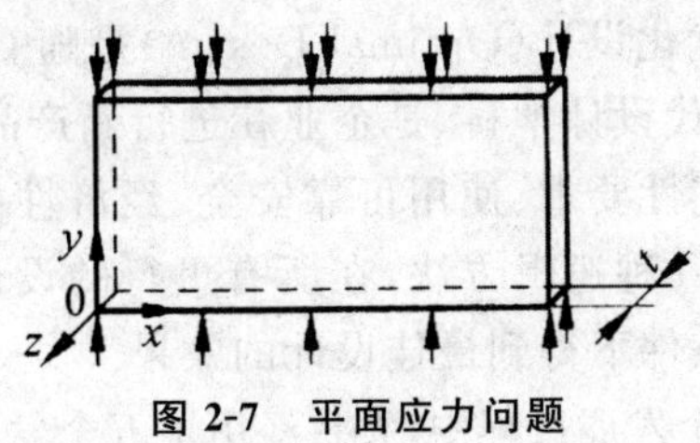

图 2-7　平面应力问题

对于平面应力问题，垂直于平面方向上的应力分量为零，即有

$$\begin{cases}\sigma_z = 0 \\ \tau_{zx} = \tau_{zy} = 0\end{cases}$$

因此这类问题的应力分量和应变分量分别为

$$\sigma = [\sigma_x \quad \sigma_y \quad \tau_{xy}]^{\mathrm{T}}$$

$$\varepsilon = [\varepsilon_x \quad \varepsilon_y \quad \gamma_{xy}]^{\mathrm{T}}$$

这时几何方程变为

$$\varepsilon = \begin{bmatrix} \varepsilon_x \\ \varepsilon_y \\ \gamma_{xy} \end{bmatrix} \begin{bmatrix} \dfrac{\partial}{\partial x} & 0 \\ 0 & \dfrac{\partial}{\partial y} \\ \dfrac{\partial}{\partial y} & \dfrac{\partial}{\partial x} \end{bmatrix} \begin{bmatrix} u \\ v \end{bmatrix}$$

物理方程变为

$$\sigma = [\boldsymbol{D}]\varepsilon$$

式中

$$[\boldsymbol{D}] = \frac{E}{1-\mu^2} \begin{bmatrix} 1 & \mu & 0 \\ \mu & 1 & 0 \\ 0 & 0 & \dfrac{1-\mu}{2} \end{bmatrix}$$

称为平面应力问题的弹性矩阵。

可见，平面问题只有 3 个独立的应力分量和应变分量，求解规模相对空间问题要小。

2.4 优化设计方法

2.4.1 优化设计概述

在工业生产中，优化设计(Optimal Design)是随 CAD 技术的应用而迅速发展起来的一门现代设计学科，是企业在进行新产品设计时，追求具有良好性能、满足生产工艺性要求、使用可靠安全、经济性能好等指标的有效方法。优化设计提供了一种逻辑方法，在所有可行的设计方案中进行最优的选择，目的是能规定条件下得到最佳设计的效果。

在优化设计的整个发展过程中，大致经历了五个发展阶段(见图 2-8)。

目前，优化设计方法已广泛地应用于各个工程领域，无数实践证明，采用了优化设计方法，极大地提高了科研、生产的设计质量，缩短了设计周期，节约了人力、物力，具有显著的经济效益。尤其在市场竞争日趋激烈的今天，优化设计作为一种先进的现代设计方法，已成为 CAE 技术的一个重要的组成部分。

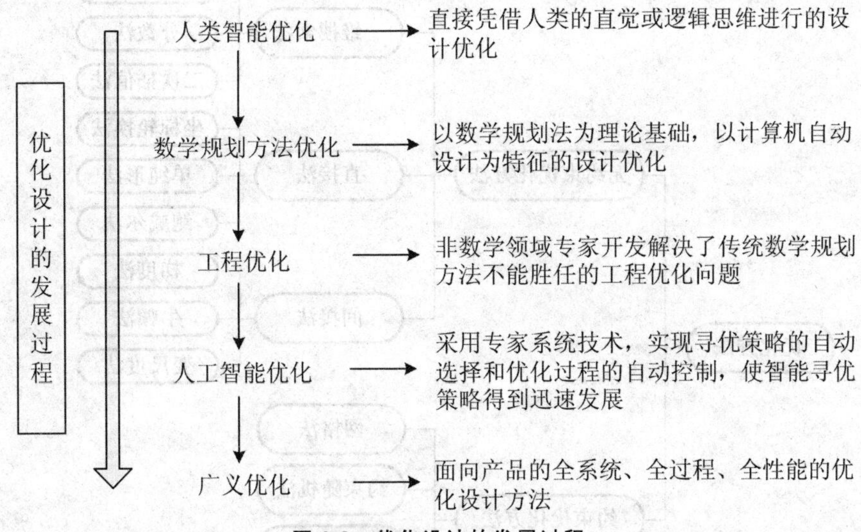

图 2-8 优化设计的发展过程

2.4.2 常用的优化方法

根据讨论问题的不同方面,有不同的分类方法。如根据是否存在约束条件,可分为有约束优化和无约束优化;根据目标函数和约束条件的性质,可分为线性规划和非线性规划;根据优化目标的多寡,可分为单目标优化和多目标优化等。根据求优方法手段的不同,可分为直接法、间接法等。如图 2-9 所示为常用优化设计方法。

2.4.2.1 一维函数黄金分割法

黄金分割法是通过不断缩短搜索区间长度来确定极小点的方法。这种方法将搜索区间按比率 $\beta=0.618$ 缩小,直接计算目标函数 $f(x)$ 的值确定取舍空间。这种算法的基本思路是在搜索区间 $[a,b]$ 内取两点 x_1、x_2,令 $x_1=a+(1-\beta)(b-a)$,$x_2=a+(b-a)\beta$。比较函数值 $f(x_1)$,$f(x_2)$ 的大小:当 $f(x_1)\geqslant f(x_2)$ 时,去掉区间 $[a,x_1]$,搜索区间缩短为$[x_1,b]$;当 $f(x_1)<f(x_2)$,去掉区间$[x_2,b]$,搜索区间缩短为$[a,x_2]$。这样反复计算比较、区间取舍,直到逐渐缩小的新区间 $[\alpha,\beta]$ 距离小于某一精度 ε,即 $\alpha-\beta\leqslant\varepsilon$,用同样的方法在新区间$[\alpha,\beta]$内选取两点 x_1^*、x_2^*,则令 $x^*=(x_1^*+x_2^*)/2$ 为近似的最优点。

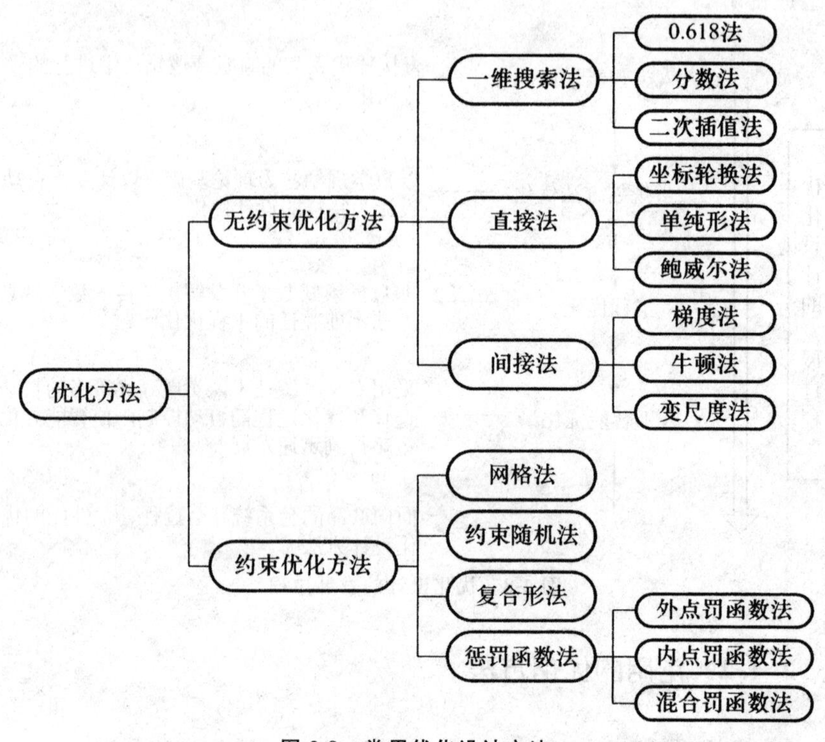

图 2-9 常用优化设计方法

黄金分割法的效率不是最高的，但它具有较好的稳定性以及容易理解和便于使用等优点，故应用非常广泛。

2.4.2.2 二次插值法(近似抛物线法)

二次插值法是一种一维优化方法，其基本思路是在寻找函数 $f(x)$ 极小值的区间内，利用三点函数值构造一个二次插值多项式 $\varphi(x)=p_1x^2+p_2x+p_3$ 来近似表达原函数 $f(x)$，并利用该函数的极值点技术代替原函数 $f(x)$ 的最优点。当不满足精度要求时，按一定的规律不断地缩短区间，在新的区间内构造新的二次插值多项式，求其极值，反复按此方法进行求解，直至结果满足要求为止。

2.4.2.3 坐标轮换法

坐标轮换法又称降维法。坐标轮换法的基本原理就是将一个 n 维的无约束最优化问题转化为一系列沿坐标轴方向的一维搜索问题来求解。该方法搜索效率低，可靠性差。

2.4.2.4　单纯形法

其基本思想是，在 n 维设计空间中，取 $n+1$ 个点，构成初始单纯形，求出各顶点所对应的函数值，并按大小顺序排列。利用“压缩”或“扩张”等方式寻求函数值较小的新点，用于取代函数值最大的点而构成新单纯形。如此反复，直到满足精度要求为止。由于单纯形法考虑到设计变量间的交互作用，故是求解非线性多维无约束优化问题的有效方法之一。

2.4.2.5　鲍威尔法（Powell 法）

鲍威尔法又称方向加速法，它直接利用函数值来构造共轭方向，利用共轭方向可以加速收敛的性质所形成的一种共轭方向法。该算法不用对目标函数求导数，属直接最优化方法。该方法具有二次收敛性，收敛速度快，可靠性也较好，是直接法中最有效的算法之一。适用于维数较高的优化问题，但编程较复杂。

2.4.2.6　梯度法

梯度方向是函数值增加最快的方向，负梯度方向是函数值下降最快的方向。利用这一特性，把负梯度方向作为搜索方向。梯度法也称最速下降法。然而，梯度法的收敛速度并不快，这是因为梯度只是反映函数的局部性质。从局部看，在某点沿梯度方向函数值的下降最快，但从整体来看，它的搜索路线呈直角锯齿状，不能保证整体收敛速度最快。梯度法方法简单，可靠性较好，对初始点要求不严格。但收敛速度缓慢，尤其是当迭代点进入最优点邻域时更为严重。梯度法要求目标函数必须存在一阶偏导数，可用于精度要求不高或对复杂函数寻找一个好的初始点的情况。

2.4.2.7　牛顿法

牛顿法是梯度法的进一步发展。梯度法在确定搜索方向时，考虑了目标函数的一阶导数，在迭代点远离最优点时收敛速度快，但接近最优点时收敛速度极慢。而牛顿法进一步利用了二阶偏导数，从而大大加快了速度，且当迭代点接近最优点时收敛速度极快。

2.4.2.8　变尺度法（DRP）

变尺度法又称拟牛顿法，它在牛顿法的基础上又作了重要改进。变尺度法综合了梯度法和牛顿法的优点，使其迭代公式中的方向随着迭代点位置的变化而变化。在远离最优点时与梯度法的迭代方向相同，计算简单且收敛速度快。随着迭代过程的进行，不断修正迭代方向，以改善在最优点附近梯度法速度减慢的缺点。当迭代点逼近最优点时，利用牛顿法速度加快的优点，迭代方向就趋于牛顿方向，因而具有更好的收敛性。这种方法是求解高维数（10～50）无约束问题的最有效算法。

选择有效的优化方法需考虑的因素如图 2-10 所示。

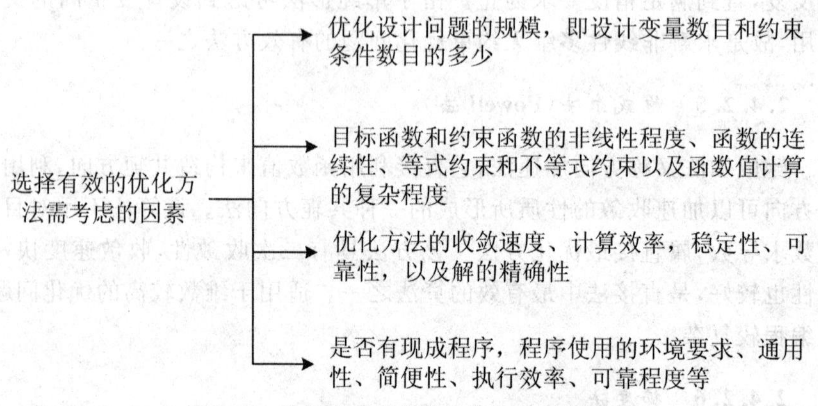

图 2-10 选择有效的优化方法需考虑的因素

第 3 章　机械系统的方案设计与总体设计

方案设计的过程实际上就是对子功能方案进行方案综合的过程。因为一个实际的机械系统有很多子功能系统或功能元，而每一子功能或功能元都有若干个解，它们可以形成若干个总体方案，其各总体方案的优劣有很大差异，故方案综合是一项复杂的工作，一般可采用形态学矩阵的方法来解决总体方案中功能匹配的问题。

3.1　设计任务的形成与确定

3.1.1　设计任务的来源

设计任务反映了客观的需要。随产品的改进和新产品的出现，又会出现新的需要，提出新的设计任务，如此反复循环。

通常设计任务主要来自下列几个方面。

(1)指令性设计任务。

从国家大的发展战略、国防等方面考虑，政府和军队等部门往往会选择一些实力比较强的企业、研究单位下达一些指令性的设计任务。研制单位则需根据计划的总要求，了解产品的使用环境、条件及工艺情况，在充分进行技术经济分析的基础上，对新产品的选型和发展方式等提出建议，报请有关部门审批后执行。据此制订的新产品发展计划任务书中包括较详细的产品的发展目的，产品技术经济指标，系列化、标准化、通用化水平，需要解决的技术关键、可行性分析、经费预算、环保措施、预期经济效果等。

(2)来自市场的设计任务。

这是用户根据自己的需要提出来的。它们主要出自使用的考虑，与用户对该领域情况的掌握有极大关系。这种设计任务常包括一些使用方面的性能指标，如生产率、速度等，并常有样机作为对比目标。这类任务常是为解决某特定需求而提出并作为一般商品的开发来进行的。

(3)考虑前瞻的预研设计任务。

随着市场竞争的越来越激烈，产品更新换代的时间也越来越短。一个企业，即使在产品市场非常好的情况下，也要着手新产品的开发。企业及研究人员要始终关注市场的发展动向，从中发现市场需求变化的趋势，并根据这种趋势拟出具有前瞻性的产品和装备的预研项目。

3.1.2 拟订设计任务书

作为明确设计任务阶段的成果，常以表格形式编写设计任务书(设计要求表)，它将作为设计与评价的依据。

(1)拟订设计任务书的一般原则。

拟订设计任务书的一般原则是详细而明确，合理而先进。所谓详细，就是针对具体设计项目应尽可能列出全部设计要求，特别是不要遗漏重要的设计要求。所谓明确，就是对设计要求尽可能定量化，例如生产能力、工作中维修保养周期等。

(2)产品设计要求。

产品设计要求是设计、制造、试验和鉴定的依据，一项成功的产品设计应该满足许多方面的要求，要在技术性能、经济指标、整体造型、使用维护等方面都能做到统筹兼顾、协调一致。

产品设计要求可采用“要求明细表”或逐条叙述两种方式提出，主要有产品功能要求、适应性要求、性能要求、生产能力要求、制造工艺要求、可靠性要求、使用寿命要求、人机工程要求和安全性要求，这些设计要求都是对整机而言的，而且是主要设计要求，在设计时，应针对不同产品加以具体化、定量化。

(3)设计任务书的格式。

产品设计要求拟订后，以设计任务书或说明书的形式固定下来。设计任务书是设计师进行产品设计的“路标”，是产品鉴定和验收的依据，是解决设计单位和委托单位之间矛盾的准绳。目前，设计任务书没有统一的格式，它可用明细表、合同书等方式表达。

表 3-1 为微电脑全自动洗衣机的设计任务书。

表 3-1 微电脑全自动洗衣机的设计任务书

编号		名称	微电脑全自动洗衣机
设计单位		起止时间	
主要设计人员		设计费用	

续表

	设计要求	
1	功能	主要功能:洗涤脏衣物 辅助功能:毛衣物上的毛绒过滤等
2	适应性	洗涤对象:普通衣物,毛毯、牛仔服类重衣物,羊毛、丝绸等纤细织物 入口水压:0.1～0.6 MPa 环境:远离热源、振源等,要有水源、电源
3	性能	动力:额定输入功率 400 W 左右 外形尺寸:小于 550 mm×550 mm×900 mm 整机质量:小于 30 kg
4	洗涤能力	额定洗涤、脱水容量:3.8 kg(干衣)
5	可靠度	整机可靠度要求达到 99.9%以上
6	使用寿命	一次性使用寿命要求达到 5 年,多次性维修使用寿命要求达到 10 年以上
7	经济成本	700 元左右(含材料、设计、制造加工、管理费用)
8	人机工程	操作方便(面板式操作,全自动控制洗涤过程,可简单编程),显示清晰,造型美观
9	安全性	保证人身、设备安全(漏电保护功能、洗涤过程异常时的自动报警功能等)

3.2　机械系统的功能分析及指标分解

在充分研究设计任务,对各项设计要求进行仔细的分析,明确设计任务的核心要求及相应的约束条件之后,即可开始进行机械系统的总体设计。总体设计的第一步就是充分理解设计任务书所规定的设计要求,并将其抽象化,即对系统的功能(包括约束)进行描述。

3.2.1　机械系统的功能分析

系统的总功能还可以从以下四个方面描述:即主功能、动力功能、控制功能、结构功能。其中主功能是直接实现系统目的的功能;动力功能为系统的运行提供必要的能量；控制功能包括信息检测、处理和控制；系统各要素组合起来，进行空间配置，形成一个统一的整体，而保证系统工作中的强度和刚度，则应由结构功能实现。此外，系统在运行中总会遇到外部环境的干扰(外扰)，干扰无论是作用在主功能上，还是作用在结构功能或动力功能上，特别是作用在控制功能上，如果不能抑制，最终会影响主功能的正常工作，系统还可能会产生无用的输出(废弃的输出)，这种输出对环境会造成有害的影响。尽管各种机械的功能各异，千姿百态，它们的功能构成都有相似的模式，因而也必然具有相似的组成规律。如图 3-1(a)所示是系统的功能构成，图 3-1(b)所示为描述洗衣机的功能构成图。

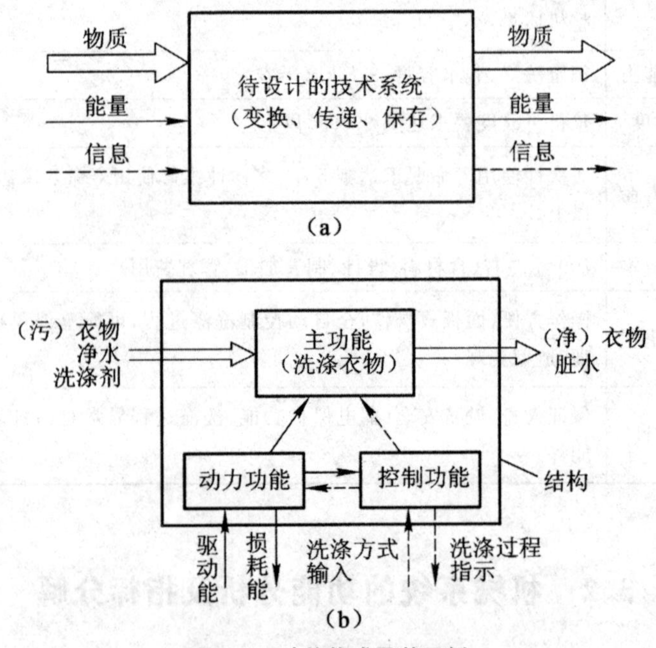

图 3-1 功能构成及其示例

(a)功能构成；(b)洗衣机的功能构成示例

3.2.2 功能分解与功能树

一般情况下，机械系统都比较复杂，难以直接求得满足总功能的系统方案，可按系统工程分解性原理进行功能分解，建立功能结构图，即功能树，化繁为简。这样既可显示各功能元、分功能与总功能之间的关系，又可通过各功能元解的有机结合求系统方案。

功能树起于总功能，按一级分功能、二级分功能……进行分解，其末端为功能元。前级功能是后级功能的目的功能,后级功能是前级功能的手段功能。另外,同一层次的功能元组合起来,应能满足上一层功能的要求,最后合成的整体功能应能满足系统的要求。

实际设计时,建立系统功能结构可以从系统功能分解出发,分析功能关系和逻辑关系。首先从上层分功能的结构考虑起,建立该层功能结构的雏形,再逐层向下细化最终得到完善的功能树。

3.3　机械系统的方案设计

3.3.1　形态学矩阵

形态分析法是一种系统搜索和程式化求解的创新技法。在形态学中,将各子系统的目标(功能)及基本可能实现的办法列入一个矩阵形式的表中,这个表就称为形态学矩阵,亦称模幅箱图。一个典型的系统解的形态学矩阵如表 3-2 所示,若功能元为 A、B、C、D,对应的功能解分别为 3、5、4、5 个,则理论上可综合出 3×5×4×5=300 个方案。如 A1—B2—C3—D4 为一组可能的方案。在全体方案中,既包含有意义的方案,也可能包含无意义的虚假方案。

表 3-2　系统解的形态学矩阵

功能元	功能元解				
A	A1	A2	A3		
B	B1	B2	B3	B4	B5
C	C1	C2	C3	C4	
D	D1	D2	D3	D4	D5

3.3.2　总体方案求解

3.3.2.1　*求解原则*

对于大型复杂的问题,所得方案数巨大,甚至无法检验。实践证明,没有必要对其逐一检验,关键是处理好以下两个问题:①各功能元原理方案之间在物理上的相容性鉴别,可以从功能结构中的能量流、物料流及信息流能否不受干扰地连续流过,以及功能元的原理方案在几何学和运动学上是否有矛盾来进行直觉判断,从而剔除那些不相容的方案。这些工作可以用计算机来完成。②从技术、经济效益较好的角度,初步挑选几个较有希望的方案进行进一步的比较。

3.3.2.2 功能集成

如何将求解所得的功能载体进行集成,其中最主要的工作就是接口设计。

复杂的机械产品是多输入多输出的系统。每个机械产品总是由若干个功能载体组成,在最简单的情况下,这些功能载体各自相互独立工作。除了在控制信息上互相协调外,每个单元的输出都不影响其他单元的输出,这种状态为正交。如洗衣机中的脱水运动与洗涤运动,在设计得较完善的情况下,两者之间不发生动力学的相互影响。但在许多情况下,这些功能载体是互相关联的。这些关联有的表现在运动学上,例如数控车床在作插补运动时,为复现运动轨迹,要求各运动轴联动;有的则表现在动力学上,像机器人手臂各关节之间不仅有运动学的关联,也有动力学的关联,特别是机械结构刚性较差时,各个单元之间的关系更复杂。在这种情况下,每一个输入都会影响所有的输出,想在不改变其他输出的情况下去调整某个输出是十分困难的。

综上所述可知,功能集成需要考虑各功能载体在机械结构上的关联与控制信息上的关系两个方面,是一个充分考虑如何确定合理的整体布局形式,采用恰当的传动和支承结构,检测控制硬件、信息处理方法等的过程。

例如,传统的双桶洗衣机的脱水及洗涤就分别由两套机构来实现,而全自动微电脑控制单桶洗衣机在设计时就考虑到,因为脱水与洗涤不是同时进行的,故只采用一个电动机,这样,这两种运动就产生了关联。通过恰当布置机械结构(主要是传动结构),再从程序上控制两种运动不同时发生,从而实现了节约空间的套缸结构。

3.4 机械系统方案的评价

拟订的总体方案,可能是一个,也可能是几个,为了进行决策,必须对各种方案进行评价。系统评价是一项很困难的工作,至今并无统一的好方法。系统评价时应考虑的因素很多。如功能、性能指标、可靠性、成本、寿命及人机工程学等。有些因素可以进行定量化评价，而有的则难以定量化，给评价带来困难。而且，虽然系统的价值是客观存在的，但在评价时，评价人员的实验及其评价角度等主观因素，常常使评价结果有所不同，因此评价又只具有相对价值。

3.4.1 评价原则

在进行系统评价时应坚持客观性、可比性、合理性及整体性等原则。

(1)客观性原则。

客观性一方面是指参加评价的人员应站在客观立场，实事求是地进行资料收集、方法选择及对评价结果做出客观解释；另一方面是指评价资料应当真实可靠和正确。

(2)可比性原则。

在基本功能、基本属性及强度上被评价的方案之间要有可比性。

(3)合理性原则。

合理性是指所选择的评价指标应当正确反映预定的评价目的，要符合逻辑，有科学依据。

(4)整体性原则。

整体性是指评价指标应当相互关联、相互补充，形成一个有机整体，能从多侧面全面综合反映评价方案。如果片面强调某一方面指标，就有可能歪曲系统的真实情况，导致做出错误决策。

3.4.2 模糊评价法

对于某些目标，例如美观、安全性、舒适度等，人们往往会用好、中、差等不定量的“模糊概念”来评价。模糊评价就是利用集合和模糊数学将模糊信息数值化以进行定量评价的方法。

3.4.2.1 隶属度

模糊评价是用方案对某些评价标准隶属度的高低来表达的。

隶属度表示某方案对评价标准的从属程度，用 0～1 之间的一个实数表达，数值越接近 1，说明隶属程度越高，即对评价标准的从属程度越高。

确定隶属度可采用统计法或隶属函数法。

统计法收集一定量的评价信息通过统计得到隶属度，例如需对某种洗衣机的洗净度进行评价，其评价标准为优、良、中、差，这可通过对一些用户进行调查统计求得。若其中10%的人评价为优,评价为良和中的各占20%,而有50%的人对其评价为差,即可求得隶属度 $\boldsymbol{B}=\{0.1,0.2,0.2,0.5\}$。进行模糊统计试验次数应足够多,以使统计得到的隶属度稳定在某一数值范围内。

隶属度也可通过隶属函数求得,模糊数学有关资料中推荐了十几种常用的隶属函数,可从中求取特定条件下的隶属度。

3.4.2.2 模糊评价

对于多个评价目标的方案,先分别求各评价目标的隶属度,考虑加权系数,根据模糊矩阵的合成规律求得综合模糊评价的隶属度,再通过比较求得最佳方案。

多目标的模糊评价步骤如下:

第一步,取评价目标集 $\boldsymbol{Y}=\{y_1,y_2,\cdots,y_n\}$,评价标准集(论域)$\boldsymbol{X}=\{x_1,x_2,\cdots,x_m\}$。

第二步,某方案对 n 个评价目标的模糊评价隶属度矩阵

$$\boldsymbol{R}=\begin{bmatrix}\boldsymbol{R}_1\\ \boldsymbol{R}_2\\ \vdots\\ \boldsymbol{R}_i\\ \vdots\\ \boldsymbol{R}_n\end{bmatrix}=\begin{bmatrix}r_{11} & r_{12} & \cdots & r_{1j} & \cdots & r_{1m}\\ r_{21} & r_{22} & \cdots & r_{2j} & \cdots & r_{2m}\\ \vdots & \vdots & & \vdots & & \vdots\\ r_{i1} & r_{i2} & \cdots & r_{ij} & \cdots & r_{im}\\ \vdots & \vdots & & \vdots & & \vdots\\ r_{n1} & r_{n2} & \cdots & r_{nj} & \cdots & r_{nm}\end{bmatrix}$$

和加权系数矩阵 $\mathbf{A}=[a_1,a_2,\cdots,a_n]$。

第三步,综合模糊评价隶属度矩阵

$$\boldsymbol{B}=\boldsymbol{A}\cdot\boldsymbol{R}=[b_1\quad b_2\quad b_j\quad \cdots\quad b_m]$$

一般可选用模糊数学中以下两种方法进行模糊矩阵合成:

乘加法:

$$b_j=a_1r_{1j}+a_2r_{2j}+\cdots+a_nr_{nj}$$

取小取大法(∧∨法):

$$b_j=(a_1\wedge r_{1j})\vee(a_2\wedge r_{2j})\vee\cdots\vee(a_n\wedge r_{nj})$$

式中,符号"∧"和"∨"分别为表示取小、取大的逻辑运算符,并有

$$a\wedge r=\min(a,r),a\vee r=\max(a,r)$$

取小取大运算简单,小中取大突出了主要因素的影响,但由于运算中部分信息丢失,在评价目标多、加权系数绝对值小的情况下有时不能得到合理的评价结论。一般情况下,使用乘加法较为准确。

第四步,方案选优。方案比较时遵循两个原则确定级别并排序。

①最高隶属度原则每个方案按综合模糊评价集中隶属度最高的一级确定其级别。

②排序原则方案优劣排序时同级中隶属度高者在先，注意应以本级与更高级隶属度之和为准进行比较。

3.5 机械系统总体设计思想

机械系统设计是从系统的观点出发，对机械系统进行的设计。机械系统设计思想从根本上改变了传统的设计思想，从而有利于机械系统设计的创新性、多样性和综合性的体现。它包括以下几个方面。

3.5.1 创新性设计

机械系统创新性设计是把实现总功能和功能分解作为设计的出发点，由于功能的抽象化和功能分解的多样化，将会大大有利于机械系统的创新性设计。

将机械系统所要实现的功能抽象化，可以开阔设计者的思路，采用多种工作原理实现机械系统的功能，有利于机械系统的创新。

功能分解和功能结构的多样性，可使实现机械系统总功能的方案多种多样，设计者可以从中寻找适合某些要求的综合最优的方案。

3.5.2 全面性设计

机械系统全面性设计是考虑产品生命周期全过程各个阶段的要求。如满足市场的显需求或隐需求；寻求设计方案的综合最优化；实现产品制造的经济性和先进性；满足用户要求和有利于维护；考虑回收利用等问题。机械系统设计中考虑的问题全面，可大大提高设计水平和产品质量。全面性设计使所设计的产品更具市场竞争力，满足人类可持续发展的需要。

3.5.3 系统性设计

机械系统系统性设计是强调各要素的整体性。各要素的要求离不开整体的需要，系统性设计使机械系统的设计更具有整体优良性能。一个系统中各要素的作用是通过总体来体现的，有了总体的概念，才能处理好各要素的设计。

机械系统设计的系统性还表现在人—机—环境的广义机械系统的考虑上，使机械系统更加有利于发挥人—机的整体效率，使机械系统的效能得到充分发挥。人—机系统把人看作属于其中的一个组成部分，同时按人的特性和能力来设计系统。

环境可作为人—机系统的干扰因素来理解，系统设计就是为了排除环境的不利影响。

3.5.4 优化性设计

机械系统设计方案是多种多样的。这是由机械系统功能的抽象化和功能分解的多样化决定的。优化性设计思想是追求机械系统整体最优、全局最佳。为了达到这一目标，通常采用综合评价方法来寻求综合最优的机械系统方案。

以上机械系统的设计思想贯穿在整个设计过程之中，以实现机械系统质量优、性能好、成本低等设计目的。

3.6 机械系统总体布置及主要技术参数的确定

人—机系统设计是总体设计的重要部分之一，它是把人看成系统中的组成要素，以人为主体来详细分析人和机器系统的关系。其目的是提高人—机系统的整体效能，使人能够舒适、安全、高效地工作。

产品进入市场后，其外观造型首先给人以重要的直觉印象，先入为主就是用户心理的普遍反映。随着现代科学技术的发展，我国的物质、文化水平已有了很大的提高，人们的需求观和价值观也发生了变化，经过造型设计的机械产品已进入了人们的工作、生活领域。造型设计已成为产品设计的一个重要方面。

3.6.1 结构方案与总体布局设计

3.6.1.1 结构方案设计

结构方案设计的主要工作就是确定功能载体的组合方式。因此，结构方案设计的目的不仅是将原理方案结构化，而且要实现结构的优化与创新。

在进行结构方案设计时，首先要求了解所设计产品的具体功能要求，例如，对于小型客车，其发动机较小，工作时发热、振动等影响较小，同时为了便于传动部分及操纵部分的布置，可考虑采用发动机前置的方案；而对于较大的豪华型客车，由于其发动机较大，工作时的发热、振动等的影响都较大，若发动机前置则会对驾驶员及乘客产生较大的影响，因此可采用发动机后置的方案。其次要求对所选取的功能载体的工作原理十分明确，这样才能使所设计的结构能可靠地实现物料流、能量流及信息流的传导和转换，这时就必须考虑所依据的工作原理、可能的各种物理效应，尽可能避免出现意外情况。

3.6.1.2 总体布局设计的基本要求

总体布局设计的主要任务是确定系统各主要部件之间相对应的位置关系以及它们之间所需要的相对运动关系。布局设计是一个带有全局性的问题，它对产品的制造和使用都有很大的影响。

在进行总体布局时，应注意以下基本问题：

①有利于系统功能的实现。

②有利于物料流的畅通。

③有利于安装、使用与维修。

④应注意整体的平衡性。

⑤有效避免干涉。

另外，还需对机械系统在比较特殊的情况下，如在恶劣工况下可能会发生的干涉引起足够的重视。例如，汽车的货厢与驾驶室之间应留出足够的间隙以防止在紧急制动时货厢与驾驶室之间可能出现的碰撞与摩擦。

3.6.1.3 系统总体布局的基本形式

可以按形状、大小、数量、位置、顺序五个基本方面进行综合，得出一般布局的类型。

①按主要工作机构的空间几何位置，可分为平面式、空间式等。

②按主要工作机构的相对位置，可分为前置式、中置式、后置式等。

③按主要工作机构的运动轨迹，可分为回转式、直线式、振动式等。

④按机架或机壳的形式，可分为整体式、组合式等。

3.6.2 机械系统的主要技术参数与技术指标

机械系统的主要技术参数是能够基本反映该系统的概貌与特征的一些

项目，如对于机床设备来说，这些参数可以是规格参数、运动参数、动力参数和结构参数等。

(1)尺寸与规格参数。

尺寸与规格参数主要是指影响力学性能的结构尺寸、规格尺寸，包括总体轮廓尺寸(总长、总宽、总高)、安装连接尺寸(基础尺寸、安装尺寸等)、规格参数(加工安装工件的最大尺寸、最大工作行程、测量范围、示值范围等)以及主要零部件的结构尺寸。

尺寸及规格参数一般在产品的设计任务书中规定。

(2)重量参数。

重量参数包括整机重量、各主要部件重量、重心位置等。它反映了整机的质量，如自重与载重之比、生产能力与机重之比等。重心位置则反映了机器的稳定性及支承点的分布等问题。

(3)运动参数。

运动参数一般是指执行机构的转动或移动速度及调速范围等，如机床等加工机械的主轴、工作台、刀架的运动速度，起重机的上升、旋转、移动速度，工业机械手的工作节拍等。调速范围是为了适应不同品种和各种工况要求来设置的。例如，对于主运动为回转运动的车床，主轴转速 n (r/min)与由材料决定的切削速度 v (m/s)、被加工零件的直径 D(mm)大小有关，即 $n=60\times 1\ 000v/(\pi D)$，所以根据切削速度和被加工零件的最大、最小直径便可确定车床的最高、最低转速，并得出转速范围。

运动参数主要根据工作对象的工艺过程和生产率等因素来确定，一般总是在满足工艺要求的前提下尽可能缩短工作时间，以提高生产率。

(4)动力参数。

动力参数是指机械系统中使用的动力源参数，如电动机、液压马达、内燃机的功率等。动力参数是机械中各零部件尺寸设计计算的依据，动力参数的选择恰当与否，既影响机械系统的工作性能，也影响其经济性。

动力参数一般由负载要求确定。

(5)技术经济指标。

技术经济指标是评价机械设备性能优劣的主要依据，也是设计应达到的基本要求。技术经济指标主要包括生产率、加工质量、成本等。

生产率指机械在单位时间内生产的产品数量。根据所选用的计量和计时单位不同，可表示为每小时多少件或每分钟多少米等，生产率是机械的基本指标之一。

加工质量是指被加工产品的质量。加工质量主要由机械设备的精度等技术指标来保证，其中最重要的是精度指标。现代机械系统尤其是数字控制系统，都具有较高的精度，为了保证输出量(加工好的零件或测量好的信号)的精度，在总体设计时，必须以保证输出量的精度作为主要技术参数和指标的依据。

机械的经济指标指机械的效率、寿命、成本等。这些指标对机械的经济性提出了要求，以保证机械的功能与成本的统一。

3.7　机械系统总体设计实例

为了更清晰地描述机械系统总体设计的完整过程，本节将介绍冶金、化工、水泥等行业使用的电子皮带秤的总体设计过程。

电子皮带秤是对松散物料在运输过程中进行称量的计量设备，并能远距离传输各种质量信息，以实现遥控和自动控制。电子皮带秤是各种配料系统(如冶金、化工、水泥、粮食等系统)中的一个重要组成部分。

由于电子皮带秤是在物料运动状态下进行称量的机械设备，因此机械传输装置所产生的振动、冲击等动态干扰，使得称量误差比物料静止状态的称量误差要大。

3.7.1　明确设计任务，编写设计任务书

由于本产品一般用来实现配料时的成分控制，因此要求称量准确、工作可靠。根据市场调研，拟订的设计任务书如表 3-3 所示。

表 3-3　电子皮带秤的设计任务书

编号		名称	电子皮带秤
设计单位		起止时间	
主要设计人员		设计费用	
设计要求			
1	功能	主要功能：准确称量散装物料净重	
2	适应性	适用对象：冶金、化工、水泥等行业原材料称量。 环境：温度 0～40℃，相对湿度 5%～9%，多尘。 能源：交流电源 50 Hz，160～240 V	
3	加工能力	称量分档范围 0.2～1 t/h、0.8～4 t/h、4～20 t/h	

续表

4	性能	工作误差：不超过 0.3%，温度每变化 10℃，零点变化 0.25%，量程变化 0.25%； 外形尺寸、整机重量无特别限制
5	可靠度	日维护期间不发生故障，月检修期间不发生失效
6	使用寿命	主要零部件使用寿命要求达到 10 年
7	人机工程	使用方便（遥控、自动控制等），维护、检修方便； 称量结果显示直观； 造型美观
8	安全性	电气接地，机械部位有过载保险； 设自检程序，计量超差鸣警； 误操作可发警报

3.7.2 系统功能描述

根据设计任务书可知，皮带秤主要服务于散装物料的配料过程，实现在运送过程中的称量和控制。据此，抽象出设计任务简图，如图 3-2 所示。

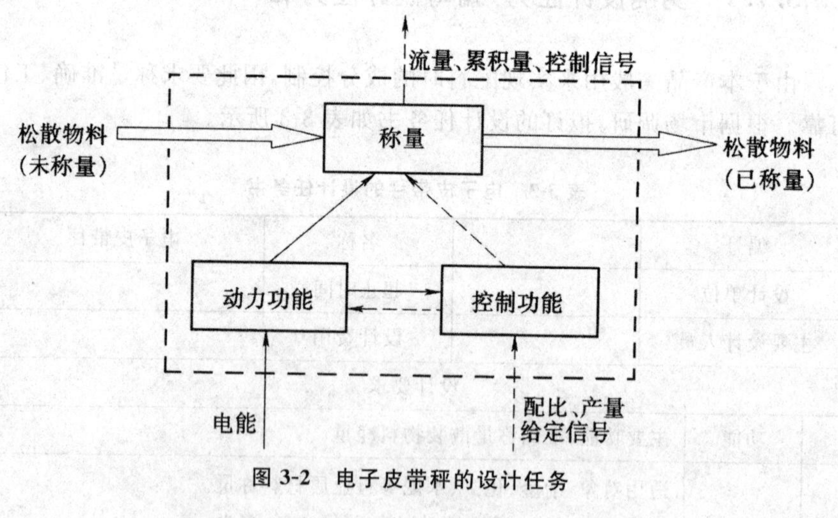

图 3-2 电子皮带秤的设计任务

3.7.3 工艺原理选择

称量的工艺原理主要有两种：一种为传统的杠杆砝码式，即利用杠杆原理的机械式称量,这种称量方式不仅无法满足高准确性的水泥等行业的配比要求,而且无法测出所要求的物料输出速度;另一种也是基于杠杆原理,但称量不是采用砝码,而是采用传感器,因此不仅能做到称量准确,而且可测出所要求的物料输出速度,如图 3-3 所示。根据设计要求,本设计采用后一种工艺原理。

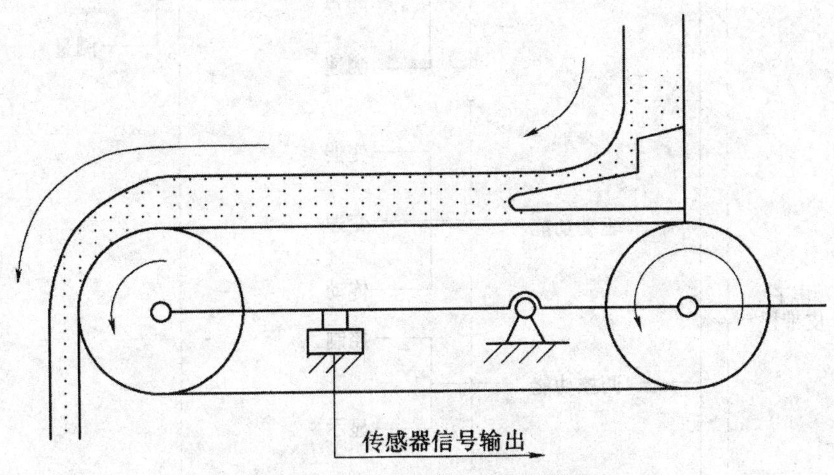

图 3-3　电子皮带秤工艺原理简图

3.7.4　功能分解

为了完成散装物料运送过程中的定量及其控制,皮带秤应能承接、运送、称量散装物料,并能按给定的信息控制称量的质量,这就要求皮带秤能实现测量及测速,并在超差时通过调节运送速度控制称量的质量,还要显示称量过的累计质量。经详细分析,得电子皮带秤的功能树,如图 3-4 所示(因对连接支承功能无特殊要求,故未在此图及对应的形态学矩阵中列出)。

3.7.5　总体方案设计

(1)功能求解。

根据功能树中所提出的各分功能,寻求可能的功能载体,形成功能载体形态学矩阵,如表 3-4 所示。

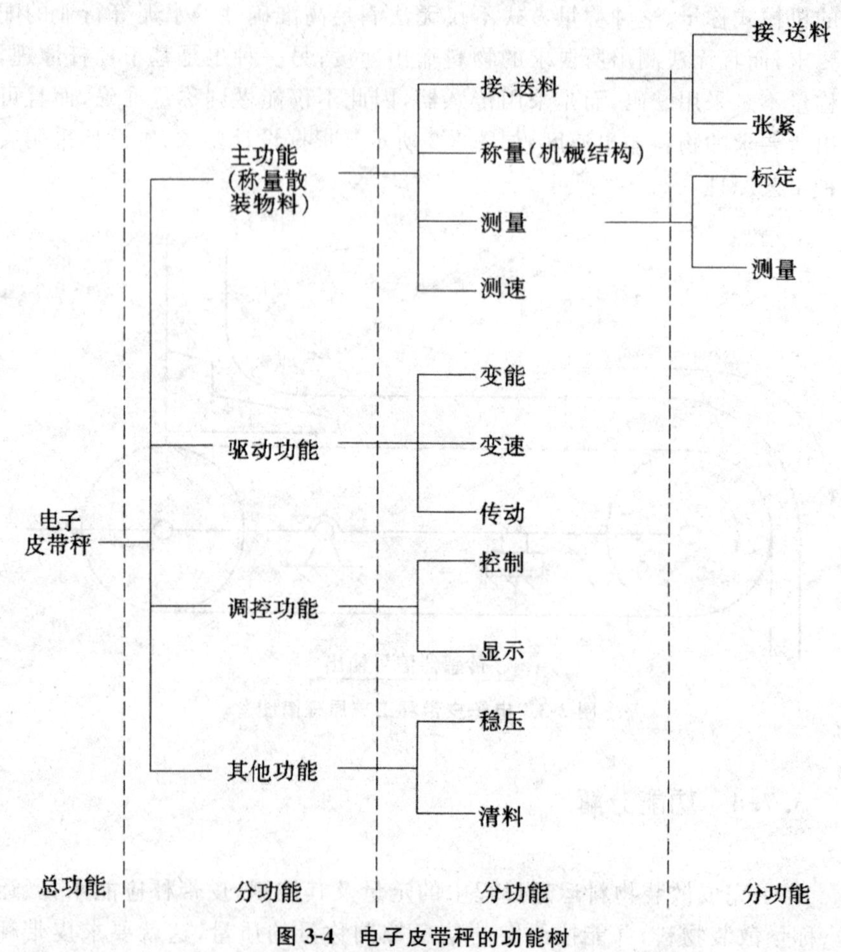

图 3-4　电子皮带秤的功能树

表 3-4　电子皮带秤的形态学矩阵

分功能		功能解					
		1	2	3	4	5	6
A	接、送料	无托辊运输带	有托辊运输带	不同滚筒直径运输带			
B	张紧	螺旋张紧	下托辊张紧	重锤张紧	自重张紧	悬垂张紧	
C	称量（结构）	单托辊框架	双托辊框架	悬臂式框架	整体式框架	悬浮式框架	磅秤式框架

续表

分功能		功能解					
		1	2	3	4	5	6
D	标定	挂码标定	链条标定	物料标定	液链标定		
E	测量	电阻式传感器	电感式传感器	压磁式传感器	压电式传感器	光电码盘测量器	
F	测速	摩擦轮测速电动机	摩擦轮脉冲发生器	反射式光电测速器	直射式光电测速器	开磁路式磁电测速器	闭磁路式磁电测速器
G	驱动	双速电动机齿轮传动滚筒	双速电动机带轮传动滚筒	双速电动机、内装电滚筒	直流电动机齿轮滚筒		
H	调控	电测仪表调控	微型计算机调控	模拟指针式调控			
I	稳压	交流稳压电源	直流稳压电源	集成二端稳压电源			
J	清料	固定刮板	弹簧刷	刷链	托辊	螺旋辊	

根据形态学矩阵可组合出很多种方案。考虑相容性及最佳配置原则，将各功能载体组合成四个原理解答方案，分别为

方案 1：A1＋B1＋C4＋D1＋E1＋F1＋G2＋H1＋I2＋J1

方案 2：A2＋B2＋C2＋D2＋E2＋F2＋G3＋H1＋I2＋J1

方案 3：A2＋B1＋C5＋D2＋E1＋F2＋G14＋H2＋I3＋J2

方案 4：A3＋B4＋C3＋D4＋E1＋F3＋G1＋H3＋I3＋J4

(2)方案评价。

本例按评分法进行方案评价：

①评价指标及加权系数的确立。

本例从技术、经济及社会性三个方面确定了评价指标。技术性指标主要指性能指标，具体可分为主要性能、运行性能、制造性能指标；经济性指标分为功能/成本比及制造成本两项指标；社会性指标分为外观、人机工程学指标。考虑其相对重要程度，确定加权系数并建立评价目标树，如图 3-5 所示。

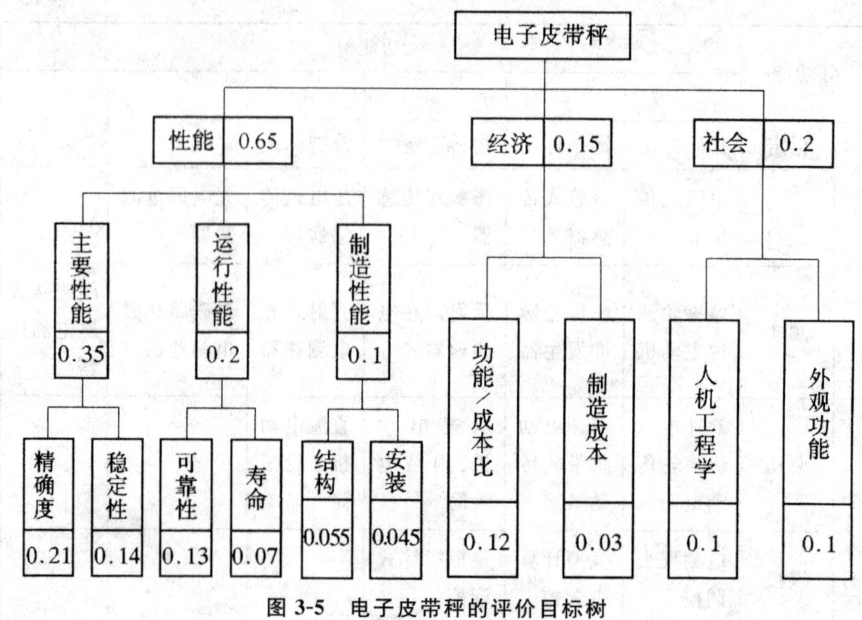

图 3-5 电子皮带秤的评价目标树

②专家组评分并决策。

专家组经集体讨论，对上述四个方案的各项评价指标进行评分，结果如表 3-5 所示。

由于方案 3 总评价值最高，各分项评价亦全部符合要求，故取方案 3 为原理解答方案。

表 3-5 方案评价结果

序号	加权系数	评价指标	单位	方案 1			方案 2			方案 3			方案 4		
				e	W	Wg	e	W	Wg	e	W	Wg	e	W	Wg
1	0.21	精确度	%	较差	3	0.63	一般	5	1.05	很高	8	1.68	很高	8	1.68
2	0.14	稳定性	%	较差	3	0.42	一般	5	0.7	好	7	0.98	较好	6	0.85
3	0.13	可靠性	%	足够	4	0.52	足够	4	0.52	好	7	0.91	较好	6	0.75
4	0.07	寿命	%	较长	6	0.42	一般	5	0.35	一般	5	0.35	一般	5	0.35
5	0.055	结构	%	较好	6	0.33	一般	5	0.275	好	7	0.385	一般	5	0.275
6	0.045	安装	%	一般	5	0.225	较好	6	0.27	一般	5	0.225	较差	3	0.135

续表

序号	加权系数	评价指标	单位	方案 1			方案 2			方案 3			方案 4		
				e	*W*	*Wg*	*e*	*W*	*Wg*	*e*	*W*	*Wg*	*e*	*W*	*Wg*
7	0.12	功能/成本比	%	足够	4	0.48	足够	4	0.48	很好	8	0.96	很好	8	0.96
8	0.03	制造成本	%	很好	8	0.21	很好	8	0.21	刚好	4	0.12	刚好	4	0.12
9	0.1	人机工程学	%	一般	5	0.5	较差	3	0.3	好	7	0.7	好	7	0.7
10	0.1	外观	%	好	7	0.7	足够	4	0.4	中等	5	0.5	好	7	0.7
绝对总评价值（$\sum Wg$）				4.435			4.555			6.81			6.52		

表中：*e* 表示特征值，一般作定性评价；*W* 表示评价值，采用 10 分制；*Wg* 表示加权评价值。

3.7.6　总体布局设计

根据方案 3 进行总体布局设计。由于控制与信息传递以及显示部分需根据工程使用设备的现场情况单独布置，因此对该设备而言，总体布局主要是指机械结构部分的布置。完成的布局草图如图 3-6 所示。

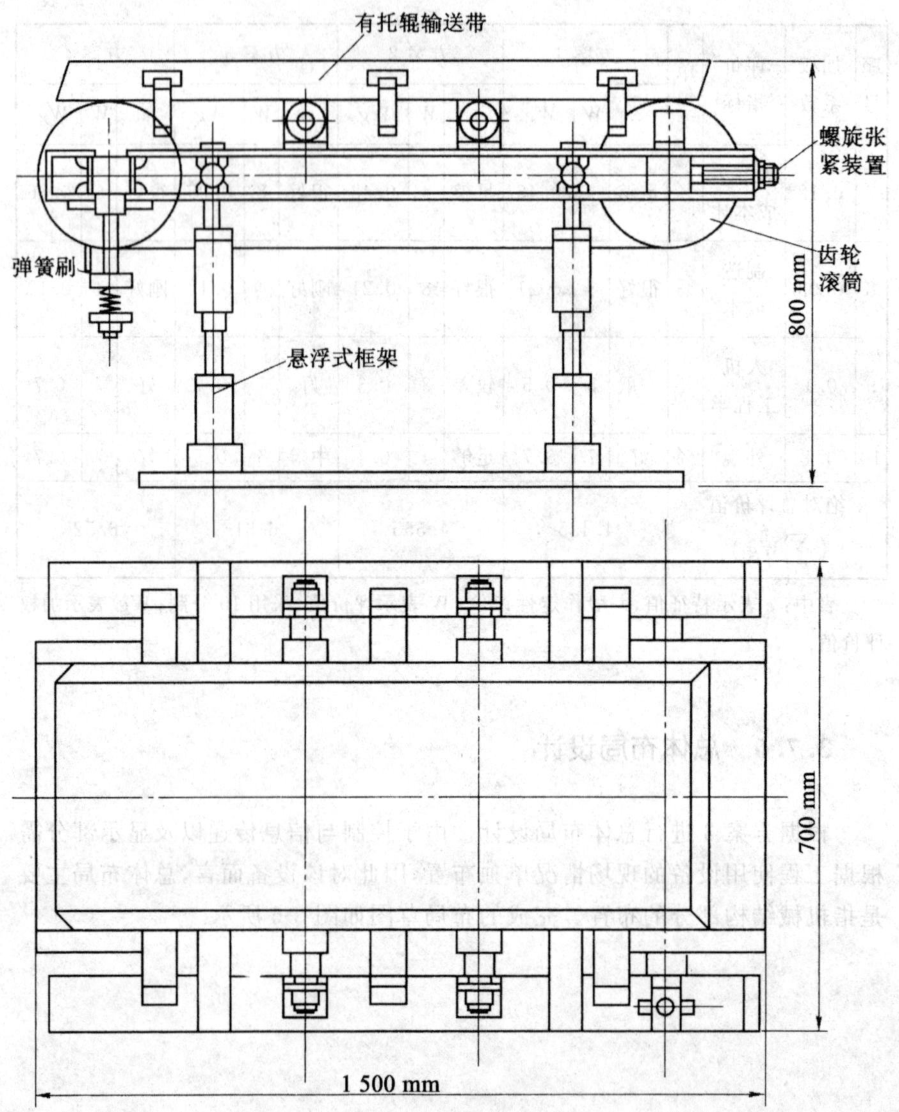

图 3-6　电子皮带秤的总体布局草图

第 4 章　传动系统设计

将动力机的力和运动传递给执行机构或执行构件的中间装置称作传动系统。每个执行构件与动力机之间存在着一个传动联系，有时执行机构与执行构件之间也有传动联系，组成传动联系的一系列传动件称作传动链。所有传动链以及它们之间的相互联系组成了传动系统。

4.1　传动系统概述

传动系统处于能量流系统的中间位置，它主要用于将原动机的运动和动力传递给执行机构。传动系统主要是由变速装置、起停与换向装置、制动装置以及安全保护装置组成。如图 4-1 所示，离合器 4(起停装置)、变速器 5(传动装置)、制动装置 6、中间传动轴 7、主传动轴 9 以及万向节 10 构成普通货车的传动系统。

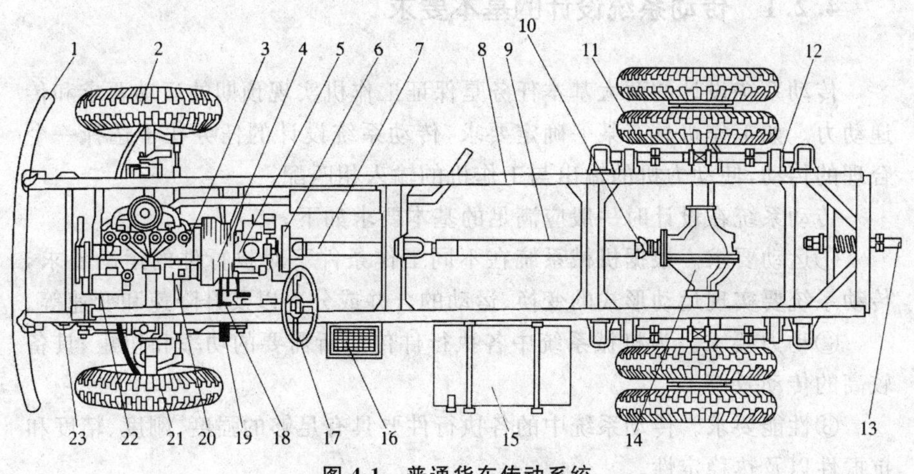

图 4-1　普通货车传动系统

1—前保险杠；2—转向车轮；3—发动机；4—离合器；5—变速器；6—制动装置；7—中间传动轴；8—车架；9—主传动轴；10—万向节；11—驱动车轮；12—后钢板弹簧；13—牵引钩；14—后桥；15—汽油箱；16—蓄电池；17—转向盘；18—制动踏板；19—离合器踏板；20—起动机；21—前桥；22—发电机；23—前钢板弹簧

传动系统的任务如下。

①将动力机输出的速度降低或增高，以适合工作（执行）机构的需要。

②直接用动力机进行调速不经济或不可能时，采用变速传动来满足工作（执行）机构经常变速的要求。

③将动力机输出的转矩，变换为工作（执行）机构所需要的力矩或力。

④将动力机输出的等速旋转运动，转变为工作（执行）机构所要求的按某种规律变化的旋转或非旋转运动。

⑤实现由一个或多个动力机驱动若干个相同或不相同速度的工作（执行）机构。

⑥由于受到动力机或工作（执行）机构机体外形、尺寸等的限制，或为了安全和操作方便，执行机构不宜与动力机直接联系，也需要用传动装置来连接。

根据结构和原理的不同，传动系统可分为机械传动、液压传动及气动传动、电磁传动系统。

4.2 传动系统设计与分析

4.2.1 传动系统设计的基本要求

传动系统设计的两大基本任务是保证工作机实现预期的运动要求和传递动力。如工作机具有某一确定要求，传动系统设计的任务在于选择一个合理的传动，使动力机的输出与工作机的输入相匹配。

传动系统在设计时一般应满足的基本要求如下。

①运动要求。根据机械系统在不同工作条件下对执行件的运动要求，传动系统要实现运动形式的变换、运动的合并或分离以及升降速和变速等。

②动力要求。为机械系统中各执行件传递所需要的功率和扭矩，具备较高的传动效率。

③性能要求。传动系统中的各执行件要具有足够的强度、刚度、精度和抗振性以及热稳定性。

④经济要求。传动系统在满足运动、动力和性能要求的前提下，应尽量使其结构简单紧凑，以便节省材料，降低成本。

同时，所设计的传动系统还应该满足防护性能好，操纵方便灵活，工作安全可靠，便于加工、装配、调整和维修等方面要求。

4.2.2 工作机工况分析

工作机由于功能的多样性,其种类繁多,工况也有很多不同,有的较复杂,因此,下面仅简要分析转矩(或力)、转速(或线速度)、功率等主要工况参数间的相互关系及变化规律。

4.2.2.1 系统的运转状态分析

对于运动形式为旋转运动的工作执行机构,其运动过程的转矩方程可表示为

$$T_{v1} - T_{v2} = I_v \frac{\mathrm{d}\omega}{\mathrm{d}t} \tag{4-1}$$

$$T_v = \sum_{i=1}^{n} F_i V_i \cos\alpha_i / \omega + \sum_{i=1}^{n} T_i \omega_i / \omega$$

$$i_v = \sum_{i=1}^{n} m_i (v_{si}/\omega)^2 + \sum_{i=1}^{n} I_i (\omega_i/\omega)^2$$

式中,T_{v1},T_{v2} 为转化到某一构件上的等效驱动转矩和等效阻抗转矩;I_v 为转化到某一构件上的等效转动惯量;ω 为转化构件的角速度;m_i,I_i,T_i,F_i,ω_i 分别为构件 i 的质量、转动惯量、转矩、作用力和角速度;v_i,α_i,v_{si} 分别为 i 构件上力作用点的速度、压力角、质心 s_i 的速度。

对于有连杆、凸轮、非圆齿轮等构件的机构,即使力和质量为常值,其等效力和等效质量均非常值,因而机器运转时有周期性速度波动。为减小这种波动,应装设飞轮(如冲床、空气压缩机等)。只有在齿轮等定传动比的机器中,等效力和质量才可能是常值,但负载或质量变化时,系统的实际运动应按式(4-1)计算。如 T_{v1},T_{v2} 和 I_v 三者之一按周期性变化,则机器按三者周期的最小公倍数作周期性稳定运转。当 $T_{v1} - T_{v2} \equiv 0$,$I_v = C$ 时,机器将作匀速稳定运转,否则 $\mathrm{d}\omega/\mathrm{d}t \neq 0$,则机器将处于非稳态工况;当 $T_{v1} > T_{v2}$ 时,系统作加速运动;当 $T_{v1} < T_{v2}$ 时,机器作减速运动。

非稳态工况有两类,一类是从一种稳态到另一种稳态的过渡过程,如起动时的加速,制动时的减速,以及从一种转速过渡到另一种工作转速(同向或反向)等;另一类则是受控的连续非稳态运转,如按给定规律连续变速的传动,某种伺服运动等。非稳态工况往往伴随着动力效应,设计时应予充分重视,必要时需进行动力学分析和计算。

4.2.2.2 工作机的载荷特性分析

工作机构的载荷分为静载荷、动载荷两大类。动载荷又可分为周期性

载荷、冲击性载荷和随机载荷三种。受静载荷的机器通常只需按静强度判据进行设计;受动载荷者则需按疲劳强度判据进行设计。对于某些对动态性能要求不高的受动载荷作用的机器,常采用将名义载荷乘以动载系数 K_d 作为设计计算载荷,从而能采用静载荷的设计方法来进行设计计算。表 4-1 给出了一些机器的动载系数的荐用值。工作机的载荷特性往往很复杂,有时是多种工况的复合,转速一转矩特性曲线与工作机构的作业过程时间的长、短,断续与连续等均有关,因此,工作机构载荷特性的确定是较难的专业性工作。

表 4-1 动载荷系数 K_d 推荐值

机器名称	空载起动	带负载起动		起动后	
		平稳起动	快速起动	摩擦离合器加载	冲击加载
小型风机,车床,钻床,带式输送机	1.2～1.3			1.2～1.4	
轻型传动机械,铣床等	1.3～1.5			1.3～1.5	
刨床,汽车,绞车,纺织机械	1.3～1.5	1.4～1.6	1.5～1.7	1.4～1.6	
挖土机,起重机构	1.4～1.8	1.7～1.9	1.8～2.0	1.7～1.9	2.0～2.2
球磨机,曲柄压力机,剪切机		1.1～1.25	1.2～1.3		1.3～2.0
电车,电动小车,翻车机构		1.6～1.9	1.8～2.5		2.0～2.5

4.3 有级变速传动系统的运动设计

有级变速传动系统是机械传动系统中最常用的传动形式,对于大多选择单速特性的电动机(也可有双速)为动源的机械变速传动系统,其变速原理通常利用转速图来实现,即根据工作执行件对转速级数、变速范围的要求,在初步选定电机的转速和转速变化公比 φ 后,利用转速图来拟定分级传动系统的传动组数、各传动组的传动副数,拟定结构网和转速图。

4.3.1 转速图的含义

如图 4-2 所示是一个 12 级变速传动的转速图,图形所示各部分的含义分别如下。

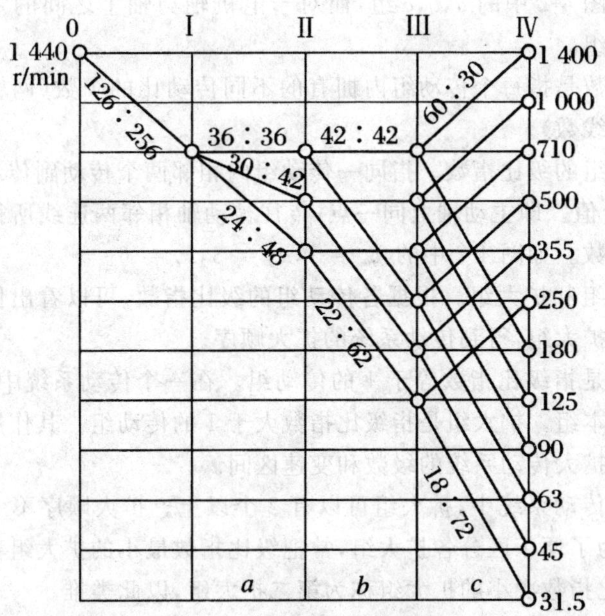

图 4-2 变速传动的转速图

①轴线:代表各传动轴,用距离相等的一组竖直的细实线表示。轴线之间的距离不代表各轴间的中心距。一般可用"0"或"电"表示驱动电动机轴,其他传动轴从左向右依次用罗马数字Ⅰ、Ⅱ、Ⅲ等标明。

②转速线:距离相等的一组水平细实线代表各级的转速。由于分级变速传动的转速通常是按等比级数排列的,故相邻水平的转速线之间的间隔距离为 $\lg\varphi$,为简单起见,通常可以省略对数符号。

③转速点:代表各轴得到的转速,用圆圈(或黑点)表示。

④传动线:每两轴之间的粗实线代表各个传动副的传动比。如果传动线由左至右向下倾斜,表示降速传动,即 $i<1$;若传动线由左至右向上倾斜,为升速传动,$i>1$;若传动线为水平线,则表示等速传动,$i=1$。传动线的倾斜程度表示传动比的大小。

4.3.2 转速图的内容

①各级输出转速的传动路线。从转速图(见图 4-2)中可以看出各级输出转速值和对应的传动路线。

②传动组数和每个传动组内的传动副数。

传动组是指在两相邻传动轴之间具有 2 个或 2 个以上传动副的变速传

动环节。如图 4-2 中的 a,b,c 组，而对于电机轴与轴 Ⅰ 之间的定比传动则不计入传动组。

传动副数是指每个传动组内拥有的不同传动比的个数(两轴之间的粗实线的传动线数)。

③传动组的级比指数。指同一传动组内相邻两个传动副传动比之比的 φ^x 的指数 x 值。即主动轴上同一点，传往被动轴相邻两连线所得转速点之间相距的格数。如图 4-2 中的 $x_a = 1, x_b = 3, x_c = 6$。

④基本组和扩大组。根据各传动组的级比指数，可以看出传动系统内的基本组和扩大组，得到传动系统的扩大顺序。

基本组是指级比指数等于 1 的传动组。在一个传动系统中，原则上必须有一个基本组。扩大组是指级比指数大于 1 的传动组。其作用是在基本组的基础上扩大传动系统的级数和变速区间。

在一个传动系统中，扩大组可以有 2 个以上。扩大顺序不一定与传动顺序相同，为了便于区分各扩大组，常把级比指数最小的扩大组称为第一扩大组，而级比指数次小的扩大组称为第二扩大组，以此类推。

⑤各传动组的变速范围。设传动系统内某一传动组的最大传动比为 $i_{\max}$，最小传动比为 $i_{\min}$，传动组的变速范围 $r_k = i_{\max}/i_{\min}$，传动系统的变速范围为

$$R = r_1 \times r_2 \times \cdots \times r_k \times \cdots \times r_n$$

4.3.3 转速图的结构网和结构式

在设计传动系统时，为了便于分析不同的传动方案，通常首先比较和选择各传动比的相对关系，利用与转速图相同含义的结构网和结构式来实现。

①结构网：仅表示各传动组内传动比的相对关系，而不表示转速值的线图。结构网不反映各轴的转速值，习惯上把传动线画成对称分布形式，如图 4-3 所示。

结构网表示各传动组的传动副数和各传动组的级比指数，还可以看出传动顺序和扩大顺序。每一个转速图对应唯一的结构网，但同一个结构网可以形成不同的转速图。

②结构式：结构式是由各组传动副数及其下标所示的对应组的级比指数，按照传动顺序排列，并以乘积形式给出传动系统转速级数的表达式。其结构形式为

$$Z = P_{ax_a} \times P_{bx_b} \times P_{cx_c} \times \cdots$$

式中，Z 为传动系统的转速级数；P_a, P_b, P_c 分别为传动组 a, b 和 c 的传动副

数；x_a，x_b，x_c 分别为传动组 a，b 和 c 的级比指数。

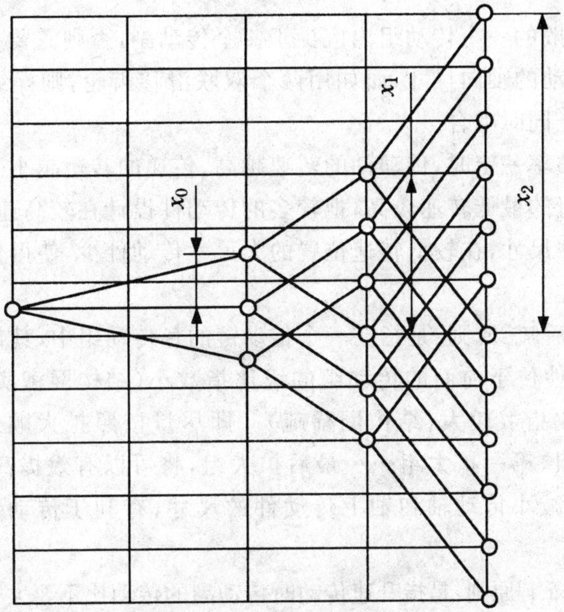

图 4-3 变速传动的结构网

图 4-3 所示的结构网对应的结构式为

$$12=3_1\times2_3\times2_6$$

结构网的表达直观、易于理解，但绘制比较麻烦。当设计者熟练掌握结构网后，可以用简单的结构式来替代结构网。通过结构网和结构式可以了解传动系统的组成和传动顺序，各传动组传动副数和级比指数，基本组和传动系统的扩大顺序。

4.3.4 转速图的拟定

拟定转速图是分级变速传动系统设计中的重要环节，在初学者拟定转速图时，除了要符合传动规律以外，还要遵循一定的原则，并按照设计步骤拟定转速图。通常转速图的拟定步骤是：首先根据设计要求确定输出转速数列，如变速范围、传动级数、传动级比以及选择电动机对应的初始速度，其次是确定传动组数和传动副数，再确定结构式或结构网，最后分配各传动组的传动比，确定各中间轴转速，并加上定比传动，就可以绘制转速图。

拟定转速图的一般原则有以下几点。

①“前多后少”原则：是指在一个传动链的各传动组中，应尽量使得按

传动顺序在前面的传动组内传动副数多，而在后面传动组内的传动副数少。

但是，一般的一个传动组内应少于 4 个传动副，否则需要一个四联滑移齿轮，增加传动的轴向尺寸，而如用两个双联滑移齿轮，则操纵机构必须设置互锁以防止同时啮合。

当传递功率一定时，传动件的转速越高，传递的转矩越小。一般传动顺序靠前传动组的最低转速较高，把较多的传动件设计在较高速度位置，有利于减少传动件尺寸，在较低转速位置的大尺寸传动件少，使得传动链结构紧凑，节省材料。

②“前密后疏”原则：是指在一个传动链的各传动组中，其传动顺序排列时，应尽可能使位于前面的传动组的级比指数小（结构网密实），而后面传动组内的级比指数较大（结构网稀疏）。即尽量按照扩大顺序传动方式，依次为基本组、第一扩大组……最后扩大组，将可以有效提高中间传动轴的最低转速，减小传动轴和轴上传动件的尺寸，有利于传动链结构紧凑，节省材料。

③“升 2 降 4”原则：是指升速传动时传动副的传动比不要大于 2（$i_{max} \leqslant 2$），降速传动时传动副的传动比不要小于 1/4（$i_{min} \geqslant 1/4$）。

升速传动：传动系统的误差传递与传动比成正比，为了避免扩大传动误差，减少振动与噪声，一般限制直齿圆柱齿轮传动的最大传动比 $i_{max} \leqslant 2$，斜齿圆柱齿轮传动比较平稳，可取 $i_{max} \leqslant 2.5$。

降速传动：在降速传动中，为了避免被动齿轮的尺寸过大，一般限制最小传动比 $i_{min} \geqslant 1/4$，则任一传动组的最大变速范围 $R_{max} \leqslant 8 \sim 10$。

对于传递功率较小、转速较低的传动链，由于传动件尺寸也较小，上述传动比限制可适当放宽，即 $i_{min} \geqslant 1/5$，$i_{max} \leqslant 2.8$，故任一传动组的最大变速范围 $R_{max} \leqslant 14$。

④“前慢后快”原则：是指在确定转速图中各轴转速时，应使前面传动轴的最低转速值尽可能高一些，即降速“慢”，把降速比较大（降速快）的传动副设置在最后 1、2 级。通常从电动机到传动链末端（输出轴）之间的速度设计为降速传动，“前慢后快”原则可以提高部分中间传动轴的最低转速，有利于减小部分传动件的尺寸，使得传动系统的结构紧凑。

应当注意的是，各中间轴转速的提高，对应各传动轴的最高转速也会提高，工作中的振动和噪声会相应增大，故往往传动齿轮的线速度不能超过 12～15 m/s。因此，提高各传动轴的最低转速要适度，即在满足性能要求的前提下提高各传动轴的最低转速。

4.3.5 齿轮齿数的确定

4.3.5.1 传动组内相同模数齿轮的齿数确定

对于传动比要求准确的传动链(如内联传动链),可通过计算法确定各变速组内齿轮副的齿数。当各对齿轮副的模数相同且不变位时,各对齿轮副的齿数和必然相等,有

$$i_i = z_i / z'_i$$
$$S_{z_i} = z_i + z'_i$$

式中,i_i 为第 i 对传动副的传动比。

由上式可得

$$z_i = \frac{i_i}{1+i_i} S_{z_i}, z'_i = \frac{1}{1+i_i} S_{z_i} \text{ 或 } z'_i = S_{z_i} - z_i$$

首先,根据前述应注意的问题来确定齿数和 S_z 或先试定最小齿轮的齿数 $z_{\min}$,再根据传动比算出齿数和,最后按其余齿轮副的传动比分配其余齿轮副的齿数。如果所得齿数的传动比误差不能满足要求,则应重新调整齿数和,再由传动比分配齿轮齿数。

4.3.5.2 传动组内不同模数齿轮的齿数确定

根据机床主轴转速和主传动系统传递转矩的需要,有时需要在同一个变速组内设置不同的模数。例如,X62W 铣床主传动中第二扩大组的两对齿轮传动比分别为 $i_1 = 1/4$ 和 $i_2 = 2$,考虑到齿轮实际受力情况相差较大,而将齿轮副的模数分别选择为 $m_1 = 4$ 和 $m_2 = 3$。

设变速组内有两对齿轮副 z_1/z'_1 和 z_2/z'_2,齿数和 S_{z_1} 和 S_{z_2},采用的模数分别为 m_1 和 m_2,齿轮不变位时,必有

$$\frac{1}{2} m_1 (z_1 + z'_1) = \frac{1}{2} m_2 (z_2 + z'_2)$$

所以得

$$m_1 S_{z_1} = m_2 S_{z_2} \text{ 或 } m_1 / m_2 = S_{z_2} / S_{z_1}$$

设

$$\frac{S_{z_2}}{m_1} = \frac{S_{z_1}}{m_2} = E$$

可得

$$S_{z_1} = m_1 E, S_{z_2} = m_2 E$$

式中，E 为正整数。

在齿轮模数已定的情况下，选择 E 值，利用上式可计算出齿数和 S_{z_1}、S_{z_2}，再根据各对齿轮副的传动比分配齿数。

4.4 分级变速的特殊设计

4.4.1 采用交换齿轮的传动系统

对于自动或半自动机械系统，经常采用交换齿轮（挂轮）变速。在一些简单的或精密的机械系统中还常用交换皮带轮变速，如简易铣床、磨床头架等。在用交换齿轮变速时，为了保证其刚度，通常用轴心位置固定的结构形式，而很少采用轴心距可变的挂轮架结构。交换齿轮经常与其他变速（如滑移齿轮、多速电动机等）组合使用。在很多情况下，只用一对交换齿轮，调换位置即可得到两种转速。

图 4-4 所示为采用交换齿轮的分级变速传动系统，其结构式为 $4=2_2\times 2_1$。轴Ⅱ至轴Ⅲ之间的双联滑移齿轮传动组为基本组，用于工作过程中变速；轴Ⅰ至轴Ⅱ之间的一对交换齿轮传动组是第一扩大组，只在改变工作状况时用于调整变速。

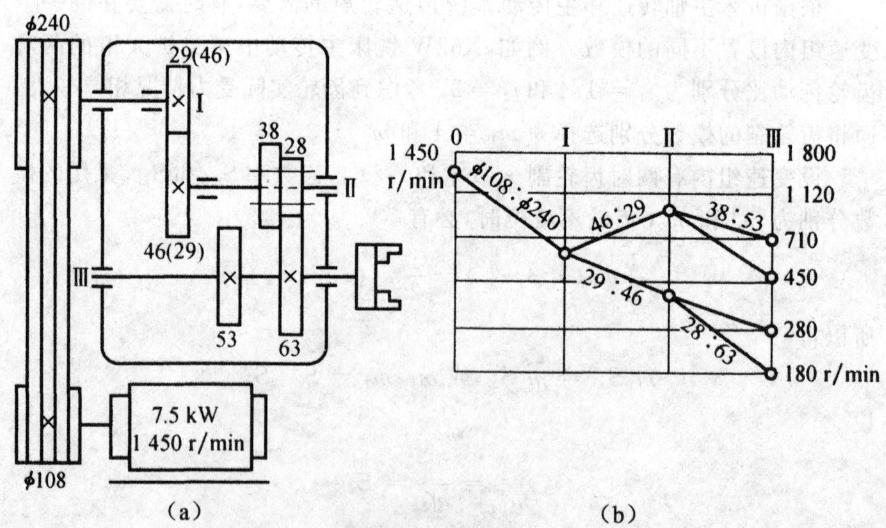

图 4-4 采用交换齿轮的分级变速传动系统

(a)传动系统图；(b)转速图

为了充分利用交换齿轮,减少齿轮的数量,应使得每对啮合齿轮调换位置可得到二种传动比,即将一对相互啮合的齿轮设计成互为主、被动齿轮。反映在转速图上,交换齿轮传动组为对称分布,$i_{降}=1/i_{升}$。如图 4-5 所示为采用交换齿轮的 5 级变速传动组,两个升速传动副的传动比为 i_3 和 i_2,两个降速速传动副的传动比为 $1/i_3$ 和 $1/i_2$。图 4-5(a)所示的交换齿轮传动组,把非互换的传动副设计在对称中心,即传动比 $i_1=1$。这样,最大传动比 $i_3=\varphi^2$,导致升速幅度较大。若改为图 4-5(b)所示的分布形式,把非互换的传动副设计成最小传动比,即 $i_1=1/\varphi^{2.5}$,则最大传动比 $i_2=1/\varphi^{1.5}$,升速幅度有所降低,有利于减小振动,降低噪声。当交换齿轮的变速级数较多时,应特别注意控制传动副的最大传动比。

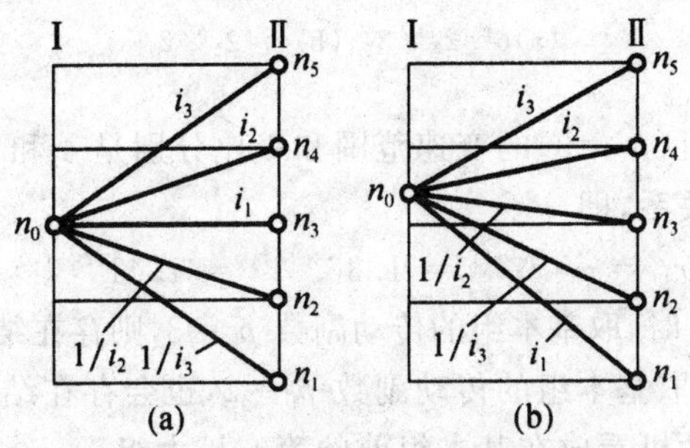

图 4-5 采用交换齿轮 5 级变速的传动组

(a)交换齿轮传动组;(b)分布形式

4.4.2 采用多速电动机的传动系统

采用多速电动机,可以简化结构、节省加工和装配时间,因此受到一些设计者的青睐。传动系统中常用的双速或三速交流异步电动机可分为两类,第一类的同步转速为 3 000/1 500(r/min)、1 500/750(r/min)和 3 000/1 500/750(r/min),双速电动机的变速范围是 2,三速电动机的变速范围是 4,而级比都等于 2。第二类的同步转速为 1 500/1 000(r/min)、1 500/1 000/750(r/min),双速电动机的变速范围和级比都是 1.5,而三速电动机的变速范围是 2,级比是 1.33。电动机作为动力源总是在传动系统的最前端,因此多速电动机可以看成是一个前置的传动组。

若双速电动机变速范围等于 2,公比 φ 可以是 2 的整数次方根,即 $2=1.26^3=1.41^2$。当公比 $\varphi=1.26$ 时,2 是公比 φ 的 3 次方根,若基本组的传动副数 $p_0=3$,存在结构式 $6=2_3\times3_1$,其结构网如图 4-6(a)所示,可把双速电动机看成是在基本组之前的第一扩大组。同理,当公比 $\varphi=1.41$ 时,基本

组的传动副数 $p_0=2$，存在结构式 $4=2_2\times2_1$［图 4-6(b)］，同样也可以把双速电动机看成在基本组前的第一扩大组。

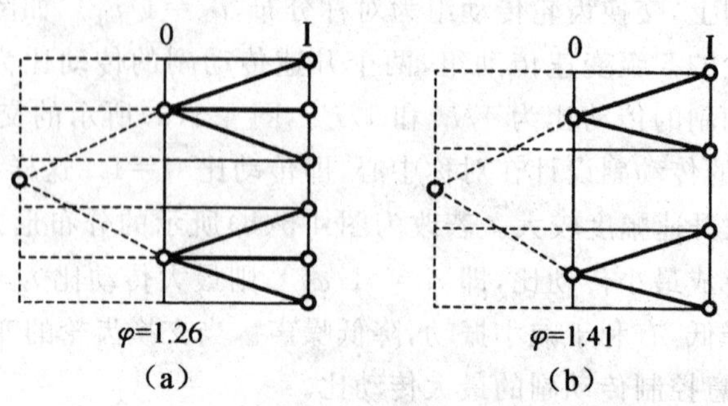

图 4-6　双速电动机变速的结构网

(a) $6=2_3\times3_1$；(b) $4=2_2\times2_1$

若三速电动机($p_1=3$)的变速范围和级比分别是 4 和 2，仍然有变速范围的整数次方根关系，即

$$r_1=\varphi^{x_1(p_1-1)}=1.36^{3(3-1)}=1.41^{2(3-1)}$$

公比 $\varphi=1.26$ 时，取基本组的传动副数 $p_0=3$，则存在结构式 $9=3_3\times3_1$。公比 $\varphi=1.41$ 时，取基本组的传动副数 $p_0=2$，也会存在结构式 $6=3_2\times2_1$。仍可以把三速电动机看成在基本组前的第一扩大组。

图 4-7 所示为采用双速电动机的传动系统，公比 $\varphi=1.41$。双速电动机变速范围 $r_1=\dfrac{1\,440}{710}\approx2=1.41^2$，输出转速级数 $Z=8$，其结构式为 $8=2_2\times2_1\times2_4$，电动机变速为第一扩大组，轴Ⅰ与轴Ⅱ之间的传动组为基本组，轴Ⅱ与轴Ⅲ之间传动组为第二扩大组。多速电动机的最大输出功率与转速有关，即电动机在低速和高速时输出的功率不同。在本示例中，当电动机转速为 710 r/min 时，传至轴Ⅲ的转速为 90 r/min、125 r/min、355 r/min 和 500 r/min，最大输出功率为 7.5 kW；当电动机转速为 1 440 r/min 时，即轴Ⅲ的转速为 180 r/min、255 r/min、710 r/min 和 1 000 r/min，最大输出功率为 10 kW。根据机械系统的功率扭矩特性可知，在恒功率区间内机械系统要求输出的最大输出功率为一固定值。双速电动机在 710 r/min 和 1 440 r/min 下，传至轴Ⅲ的转速呈现交替变化。因此，双速电动机的最大工作功率只能规定为 7.5 kW。当电动机在 1 440 r/min 下工作时，将会有 10－7.5＝2.5 kW 的功率富裕量，电动机在高速时没有完全发挥其能力。

通过上述分析可知，采用多速电动机虽然能够简化结构，但是电动机的最大功率刁输出，多速电动机的结构尺寸较大，工作中的能耗也较多，出现了“大马拉小车”的情况。

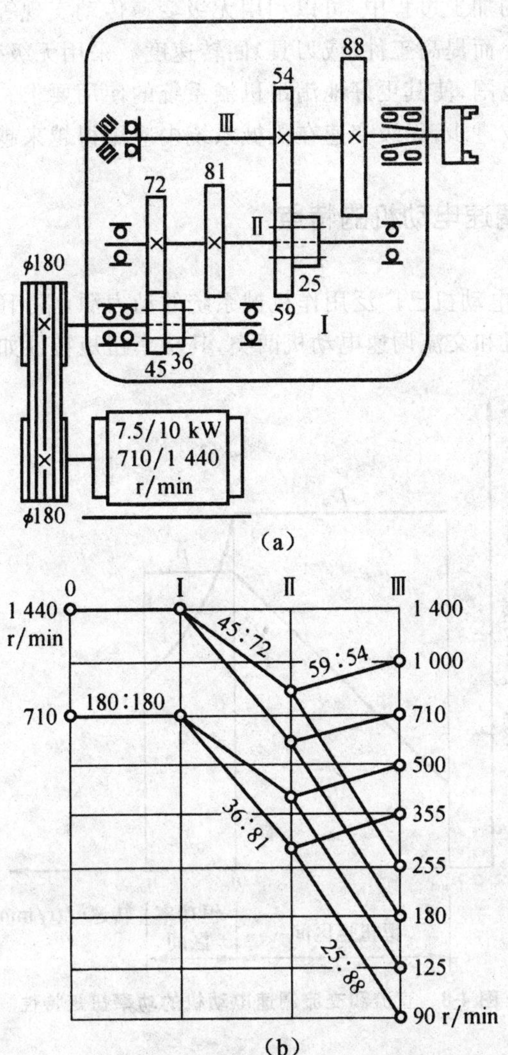

图 4-7 采用双速电动机的传动系统

(a)传动系统图;(b)转速图

4.5 无级变速传动系统的运动设计

在机械系统使用时,很多情况下需要执行件能够在工作中实现转速(或速度)的连续变化。例如,为了降低惯性很大或带负载机械系统的启动负荷,采用无级变速传动后,可以在很低的速度下启动,即缓步启动。又如在轴类工件端面的加工过程中，可以利用无级变速传动实现等速切削，即随着切削半径的减小而提高工件(或刀具)回转速度。采用无级变速能够扩大传动系统的应用范围，使其更好地满足机械系统的使用要求。近年来，随着社会的发展和科技进步，无级变速在机械系统中应用得越来越广泛。

4.5.1 调速电动机的特点

目前，调速电动机已广泛用作机械系统的动力源，常用的调速电动机有直流调速电动机和交流调速电动机两类，其功率扭矩特性如图 4-8 所示。

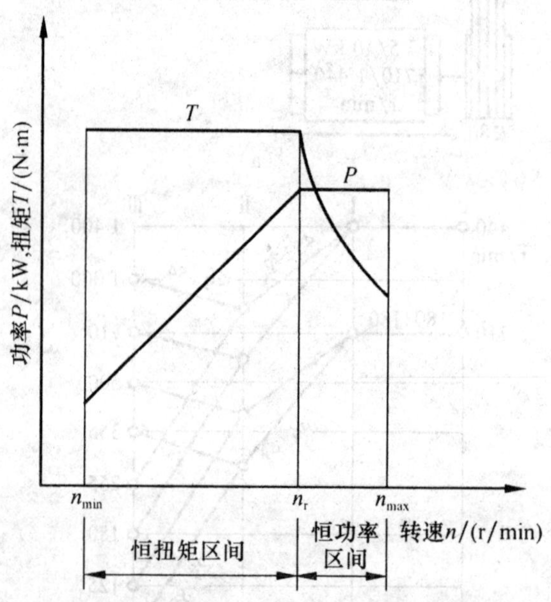

图 4-8 直流和交流调速电动机的功率扭矩特性

4.5.1.1 直流调速电动机

直流调速电动机是采用调压或调磁方式来改变其输出转速。从最低转速 n_{min} 至额定转速 n_r 通过调节电枢电压(保持励磁电流恒定)进行调速，为恒扭矩调速，具有启动力矩大、响应速度快的特点。从额定转速 n_r 到最高转速 n_{max} 通过改变励磁电流(保持电枢电压恒定)进行调速，为恒功率调速。直流调速电动机的恒扭矩区间较大，一般可达 30，甚至更大。而其恒功率区间较小，仅为 2～3，通常不能满足机械系统的恒功率调速要求。

直流调速电动机的额定转速 n_r 一般为 1 000～2 000 r/min，最高转速 n_{max} 较低。要提高转速必须加大励磁电流，这将引起电刷产生火花，影响使用寿命。另外，直流调速电动机的结构也比较复杂，成本较高，因此，在早期的机械系统中应用较多。

4.5.1.2 交流调速电动机

交流调速电动机通常是通过调节交流电源频率的方法进行调速。它的功率扭矩特性与直流调速电动机相似，额定转速 n_r 和最高转速 n_{max} 往往高于直流调速电动机，恒功率区间也略大于直流调速电动机，一般是 3～5，可以满足某些机械系统的使用要求。

交流调速电动机一般为笼式感应电动机，可其主要特点是结构简单，成本较低，体积小，重量轻，转动惯量小，响应速度快；由于无电刷，因此最高转速不受电火花限制；采用全封闭结构，强制空气制冷，保证了高转速、较宽的调速范围和较强的超载能力。在中、小功率的机械系统中，交流调速电动机已经逐渐取代直流调速电动机。

4.5.2 无级变速传动系统的设计原则和设计要点

4.5.2.1 无级变速传动系统的设计原则

在进行无级变速传动系统设计时，一般应遵循以下两方面设计原则。

(1)符合机械系统的功率扭矩特性。

由机械系统的功率扭矩特性可知，对于不同的传动系统，应具有不同的功率扭矩特性。在无级变速传动系统设计时，应根据传动系统的功率扭矩特性要求，选择(或设计)适合的无级变速装置。对于恒扭矩无级变速传动链，可以直接利用调速电动机的恒扭矩区间，也可以选用恒扭矩机械无级变速器；对于"非恒扭矩"无级变速传动链，应利用调速电动机的恒功率区间，或选用恒功率机械无级变速器及变功率变扭矩机械无级变速器。

(2)满足机械系统的变速范围。

不同的机械系统需要的变速范围不同，而对于无级变速装置的变速范围要求也存在很大区别。一般来说，无级变速传动链应具有较宽的变速范围，例如，400 mm 普通车床主传动链的变速范围 R_n 为 140～200，而有些传动链的变速范围更大。对于调速电动机，虽然恒扭矩变速范围较宽，但恒功率变速范围很窄；而机械无级变速器的变速范围一般是 4～10。显然，很难满足机械系统的使用要求。为拓宽无级变速装置的变速范围，可以采用串联有级变速的方法。

4.5.2.2 无级变速传动系统的设计要点

设传动链总的变速范围为 R_n，无级变速装置的变速范围为 r_w，串联的分级变速装置的变速范围为 r_f。若使传动链获得连续且无重合的输出转速，则

$$R_n = r_w \cdot r_f$$

可得

$$r_f = \frac{R_n}{r_w} = \varphi_f^{Z-1}$$

式中，φ_f 为分级变速装置的公比；Z 为分级变速装置的转速级数(种)。

通常，可以把无级变速装置作为基本组，即有 $r_w = \varphi_0$，串联的分级变速装置作为扩大组。当 $r_f = \varphi_0$ 时，传动系统可以在转速范围 R_n 内获得连续不重复的输出转速，其结构网如图 4-9(a)所示。若 $\varphi_f < \varphi_0$(即 $\varphi_f < r_w$)，如图 4-9(b)所示会出现一定范围的转速重复。当采用机械无级变速器时，考虑到机械摩擦传动会产生一定相对滑动而使输出转速出现微小量的不连续。为了得到连续的无级变速，可使 φ_f 略小于 φ_0，即有 $\varphi_f = (0.94 \sim 0.96)\varphi_0$。

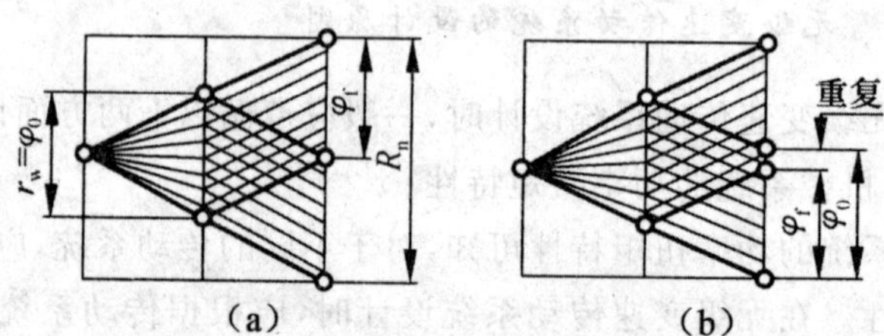

图 4-9 无级变速与分级变速的结构网

(a) $\varphi_f = \varphi_0$；(b) $\varphi_f < \varphi_0$

在"非恒扭矩"无级变速传动链中，选用调速电动机无级变速主要是如何拓宽无级变速传动链的恒功率区间。在设计时，串联的分级变速公比 φ_f 有下列三种情况。

①无重合无缺口的输出转速。设传动链总的恒功率变速范围为 R_{np}，电动机的恒功率变速范围为 r_{wp}，串联的分级变速装置的恒功率变速范围为 r_f。当传动系统获得连续输出转速时，有

$$R_{np} = r_{wp} \cdot r_f = r_{wp} \cdot \varphi_f^{Z-1}$$

由于 $r_f = r_{wp}$，则

$$R_{np} = \varphi_f^Z = r_{wp}^Z$$

可得分级变速传动的转速级数 Z 为

$$Z = \frac{\lg R_{np}}{\lg r_{wp}}$$

无重合无缺口的结构网如图 4-10(a)所示。如前所述,可以把调速电动机作为基本组,即 $\varphi_f = \varphi_{0p}$。

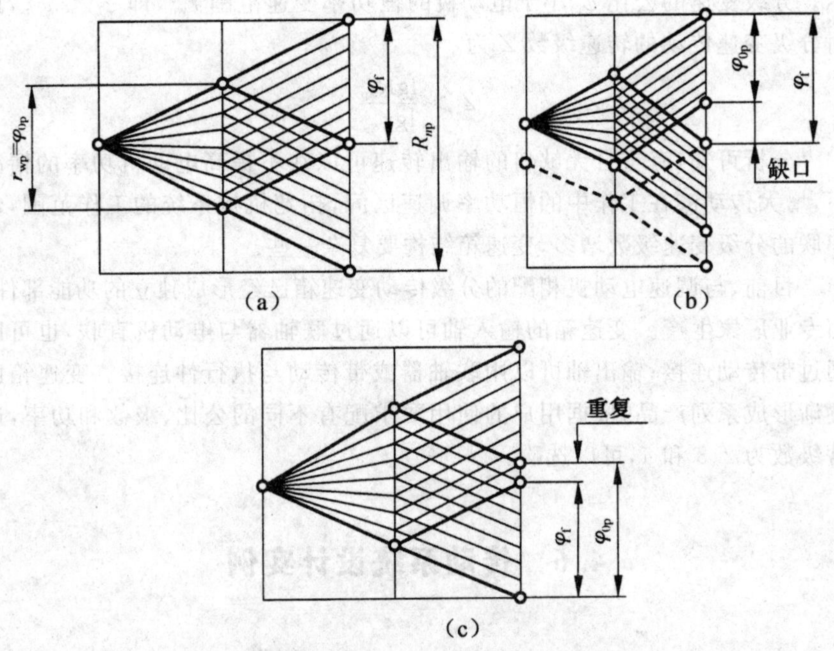

图 4-10 采用调速电动机无级变速的结构网

(a) $\varphi_f = \varphi_0$;(b) $\varphi_f > \varphi_0$;(c) $\varphi_f < \varphi_0$

②无重合有缺口的输出转速。无重合有缺口的结构网如图 4-10(b)所示。由于 $\varphi_f > \varphi_{0p}$,在恒功率输出转速之间会出现功率降低的"缺口",称为功率降低区,功率降低区的个数等于分级变速传动副的个数。可以看出,存在关系式

$$R_{np} = r_{wp} \cdot r_f \cdot \frac{\varphi_f}{\varphi_{0p}} = r_{wp} \cdot r_f \cdot \frac{\varphi_f}{r_{wp}} = r_f \cdot \varphi_f = \varphi_f^{Z-1} \cdot \varphi_f = \varphi_f^Z$$

由分级变速传动的转速级数可推得,无重合有缺口的分级变速传动的转速级数 Z 为

$$Z < \frac{\lg R_{np}}{\lg r_{wp}}$$

当使用到功率降低区时,电动机能够输出的最大功率随着转速的下降而降低。为满足机械系统的使用要求,必须使功率降低区的最低输出功率达到机械系统要求输出的功率值,即必须增大电动机的功率。采用无重合

有缺口的电动机恒功率无级调速，虽然可以简化串联的分级变速箱结构，增大工作中恒功率调速范围，但是电动机的功率不能全部输出，电动机的能耗也比较大。

③有重合无缺口的输出转速。有重合无缺口的结构网如图 4-10(c)所示。分级变速的公比 φ_f 小于电动机的恒功率变速范围 r_{wp}，即 $\varphi_f < \varphi_{0p}$，此时分级变速传动的转速级数 Z 为

$$Z > \frac{\lg R_{np}}{\lg r_{wp}}$$

分析可知，有重合无缺口的输出转速可以在不提高电动机功率的情况下，增大传动链在工作中的恒功率调速区间，拓宽机械系统的工作范围，但串联的分级变速级数增多，变速箱结构要复杂一些。

目前，与调速电动机相配的分级传动变速箱已经形成独立的功能部件，由专业厂家生产。变速箱的输入轴可以通过联轴器与电动机直联，也可以通过带传动连接；输出轴可以用联轴器或带传动与执行件连接。变速箱已逐渐形成系列产品，根据用户的使用要求配有不同的公比、级数和功率，通常级数为 2、3 和 4，可以选购。

4.6 传动系统设计实例

设计 15t 冲压机的执行机构，冲压对象为陶瓷干粉，压制成品直径为 34 mm，厚度为 5 mm 的圆形片坯，冲头压力为 15 吨，生产率为 25 片/min，机器不均匀系数≤10％。

(1)根据设计要求，进行功能原理分析。

①下冲头位于模具工作台面下 21 mm(型腔内)，干粉均匀筛入圆筒形型腔，如图 4-11(a)所示。

②下冲头下沉 3 mm，预防上冲头进入型腔时把粉料扑出，如图 4-11(b) 所示。

③上、下冲头同时加压，如图 4-11(c)所示，并保压一段时间。

④上冲头退出，下冲头随后顶出压好的片坯，如图 4-11(d)所示。

⑤料筛推出片坯，如图 4-11(e) 所示；下冲头向下退至工作台面下 21 mm。

(2)工艺动作分解，拟定执行构件的运动形式。

根据工艺过程，机构应具有一个模具(圆筒形型腔)和三个执行构件(上冲头、下冲头和料筛)构成，其运动形式为：

①上冲头完成垂直上下的往复直线运动，下移至终点后有短时间的停歇，起保压作用，因冲头上升后要留出料筛进入的空间，故冲头行程为90～100 mm。

②下冲头先下沉 3 mm，然后上升 8 mm(加压)后停歇保压，之后再上升 16 mm，将成形片坯顶到与台面平齐后停歇，待料筛将片坯推离冲头后，下冲头再下移 21 mm 到待料位置。

③料筛在模具型腔上方往复振动筛料，然后向左退回，待坯料成形并被推出型腔后，料筛再在台面上右移约 45～50 mm，推走成形的片坯。

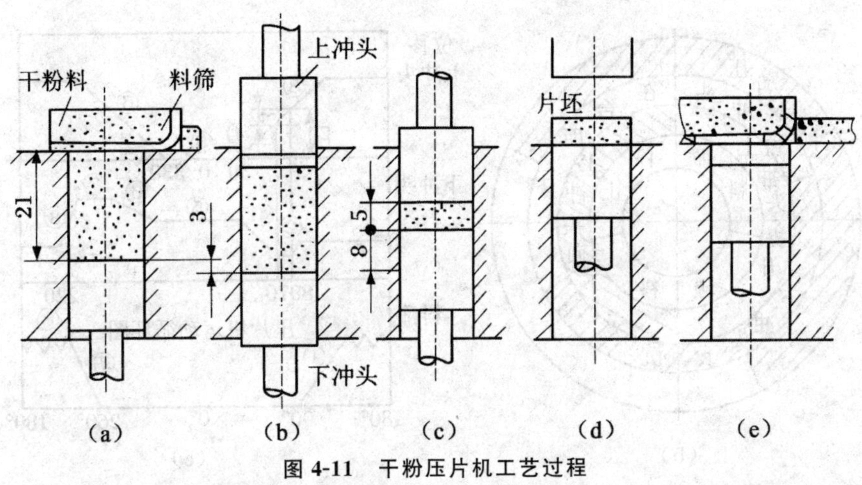

图 4-11 干粉压片机工艺过程

(3)根据工艺动作顺序，协调执行机构运动，拟定运动循环图。

拟定运动循环图的目的是确定各机构执行构件动作的先后顺序、相位，以利于设计、装配和调试。上冲头加压机构主动件每转一周完成一个运动循环，所以拟定运动循环图时，以该主动件的转角作为横坐标(0°～360°)，以各机构执行构件的位移为纵坐标画出位移曲线。运动循环图上的位移曲线主要着眼于运动的起讫位置，而不必准确表示出运动规律。

根据上冲头的工艺动作顺序，可拟定出上述三个机构中执行构件运动协调关系的运动循环图，图 4-12(a)、(b)、(c)分别为干粉料压片机直线式、圆周式和直角坐标式运动循环图。图中以原动件每转一周完成一个运动循环表示工作循环过程来分析运动起始和终止位置。

(4)执行机构选型与设计。

对于本任务来说，虽然有三个执行件，但按照传统机械传动系统的方法，三个执行机构可以用同一个动力机驱动，且原动机选用电动机，同步转速为 1 500 r/min，因此，传动装置总传动比应为 1 500/25＝60，执行机构原动件输出等速圆周运动，电机的功率初定 2 kW。

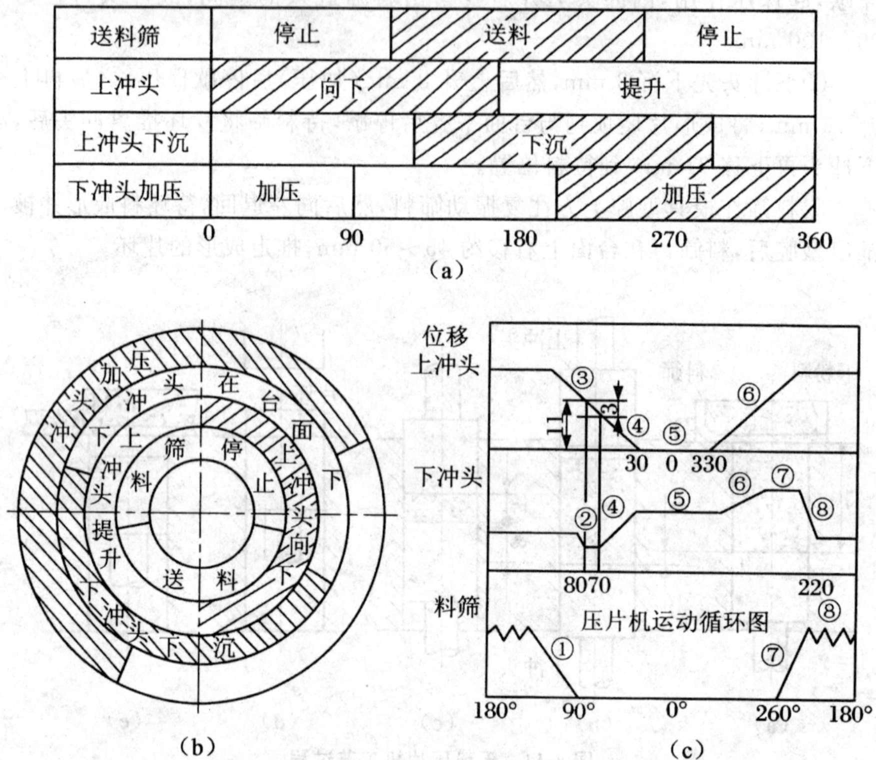

图 4-12 干粉料压片机直线式、圆周式和直角坐标式运动循环图

(a)直线式运动循环图；(b)圆周式运动循环图；(c)直角坐标式运动循环图

由上述分析可知，压片机机构有三个分支：一为实现上冲头运动的主加压机构；二为实现下冲头运动的辅助加压机构；三是实现料筛运动的上、下料机构。此外，当各机构按运动循环图确定的相位关系安装以后，应能做适当的调整，故在机构之间还需设置能调整相位的环节。下面仅就其中的一个机构——主加压机构（上冲头）设计为例来分析其设计过程。实现上冲头运动的主加压机构应有下述几种基本运动功能。

①上冲头要完成每分钟 25 次往复移动运动，所以，机构的主动构件转速应为 25 r/min，而作为原动力的电动机的转速为 1 500 r/min，则主加压机构应具有运动缩小的功能。

②原动机的输出运动是转动，上冲头是直线运动，所以机构要有运动转换的功能。

③保压阶段，要求机构上冲头在下移行程末端有较长的停歇或近似停

歇的功能。

④因冲头压力较大，希望机构具有增力的功能，以增大有效作用力，减小原动机的功率。

根据基本功能①和②的必备要求来设计机构方案，若将实现减速、运动交替和运动转换等基本功能的功能元进行组合，如图 4-13 所示，理论上可组合成数十种方案。在这些方案中，有些可同时具有运动转换和交替换向功能，如曲柄滑块机构；有些方案的动作、结构或机构组合明显烦琐，不理想。

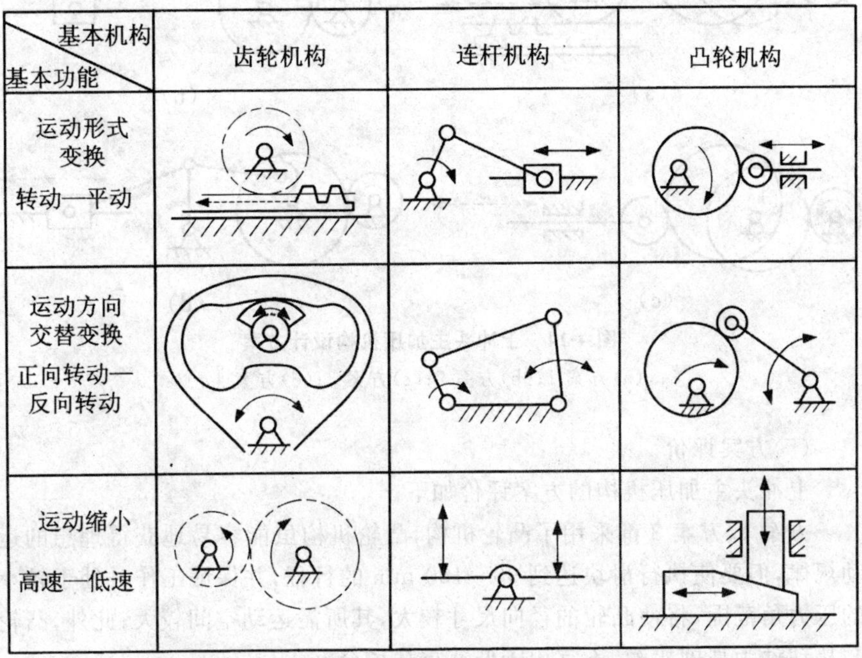

基本功能＼基本机构	齿轮机构	连杆机构	凸轮机构
运动形式变换 转动—平动			
运动方向交替变换 正向转动—反向转动			
运动缩小 高速—低速			

图 4-13　实现所需功能的基本机构

对于基本功能③和④的基本要求，在机构设计时，应在冲头处于冲压位置上实现最大出力，同时使速度趋向于零，则机构所需功率达到最小。

总之，在机构设计时，要合理匹配出力和速度的关系，速度小时，出力较大；保证机构具有良好的传力特性，即压力角较小，以获得较大的有效作用力。经分析筛选，从中选出四种方案作为评选方案，如图 4-14 所示。

方案 1：用齿轮齿条机构实现运动形式的转换功能，用摆动从动件凸轮机构来实现停歇功能。

方案 2：用对心曲柄滑块机构实现运动形式的转换功能，利用曲柄和连杆共线、滑块处于极限位置时得到瞬时停歇的功能。

方案 3:用凸轮驱动从动件做直线运动,同时实现运动形式转换与停歇的功能。

方案 4:由曲柄摇杆机构和摇杆滑块机构串联组合,实现运动形式的转换功能,设计使两机构输出构件(摇杆和滑块)同时处于极限位置,且使滑块在该位置附近获得较长时间的近似停歇。

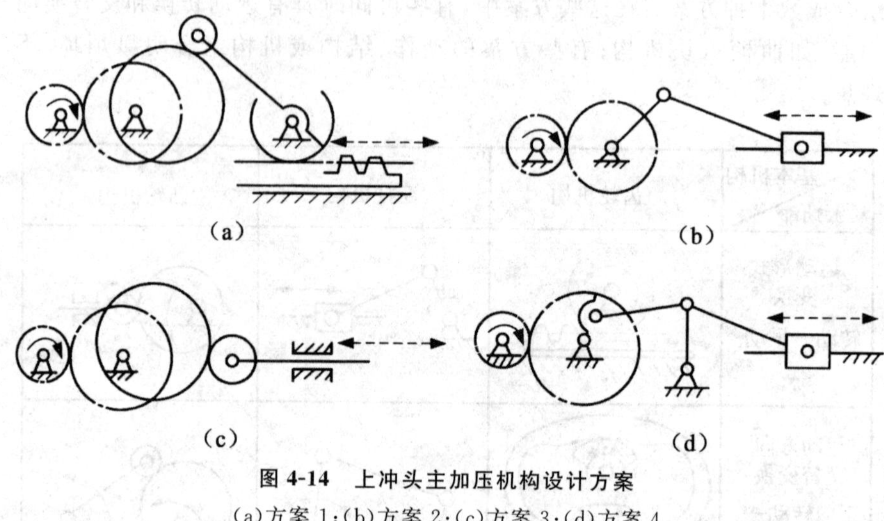

图 4-14　上冲头主加压机构设计方案

(a)方案 1;(b)方案 2;(c)方案 3;(d)方案 4

(5)方案评价。

上冲头主加压机构的方案评价如下。

方案 1、方案 3 都采用了凸轮机构,凸轮机构虽能容易地获得理想的运动规律,但要使执行滑块达到 90～100 mm 的行程,并保证工作时处于较小的压力角范围,将使凸轮的径向尺寸较大,其所需运动空间较大;此外,凸轮与从动件为高副接触,不宜用于低速重载场合。

方案 2 采用对心曲柄滑块机构,曲柄长仅为滑块行程的一半,故机构尺寸较小,结构简单,但滑块在行程末端只作瞬时停歇,运动规律不够理想。

方案 4 将曲柄摇杆机构和摇杆滑块机构串联,可以使滑块有较长一段时间作近似停歇,运动规律较为理想,尺寸适中,且全部由低副机构组成,适用于低速重载场合。

综合分析结果:方案 4 作为压片机上冲头主加压机构实施方案较为合适。设计结果如图 4-15 所示。由上冲头(六杆机构 7—8—9—10)、下冲头(双凸轮机构 4—6—5—10)和料筛传送机构(凸轮连杆机构 1—2—3—10)组成。料筛由传送机构把它送至上、下冲头之间,通过上、下冲头加压把粉料压成片状。显然,在送料期间,上冲头不能压到料筛,只有当料筛位于上、下冲头之间，冲头才能加压，所以送料和上、下冲头之间的运动，在时间顺序上有严格的协调要求。

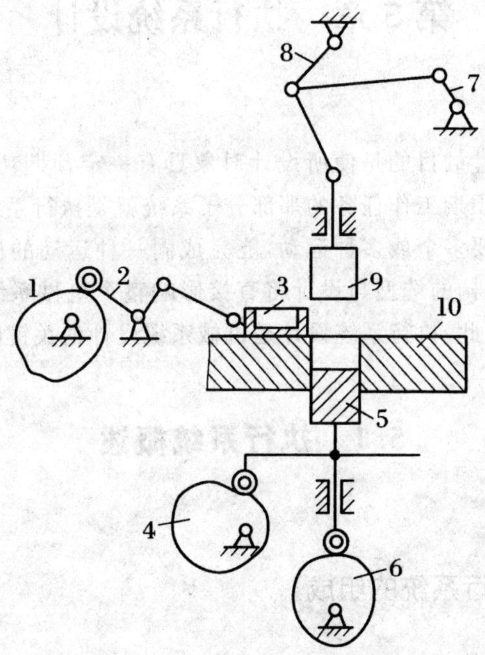

图 4-15　压片机机构运动简图

第 5 章　执行系统设计

机械系统设计的目的是使所设计对象具有一定预期功能，而在机械系统中能直接完成预期工作任务的那部分子系统就是执行系统。实现某一个工艺过程往往需要多个或多种运动，能完成同一种运动的机构往往又有多种，这些运动和机构的选型与设计将直接影响整个机械系统的性能、结构、尺寸、重量等。因此，执行系统设计是机械系统设计的关键问题之一。

5.1　执行系统概述

5.1.1　执行系统的组成

执行系统都是由执行末端件和与之相连接的执行机构组成。

执行末端件是直接与工作对象接触并完成一定工作（如夹持、移动、转动等）或在工作对象上完成一定动作（如切削、锻压、焊接、清洗等）的零部件。

执行机构的主要功用是给执行末端件提供动力和带动它实现运动，即将传动系统传递过来的运动和动力进行必要的变换以满足执行末端件的要求。

如图 5-1 所示，当卧式车床的主轴通过顶尖或夹盘带动被加工的工件旋转时，顶尖或夹盘就是执行末端件，而主轴组件则为执行机构。在图 5-2

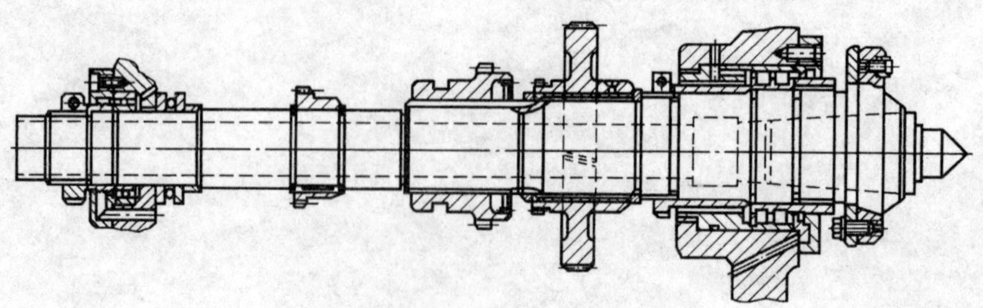

图 5-1　卧式车床的执行轴组件

所示的平行开闭式机械手中，可换夹爪 11 为执行末端件，而 1、8、9、10 为执行机构。

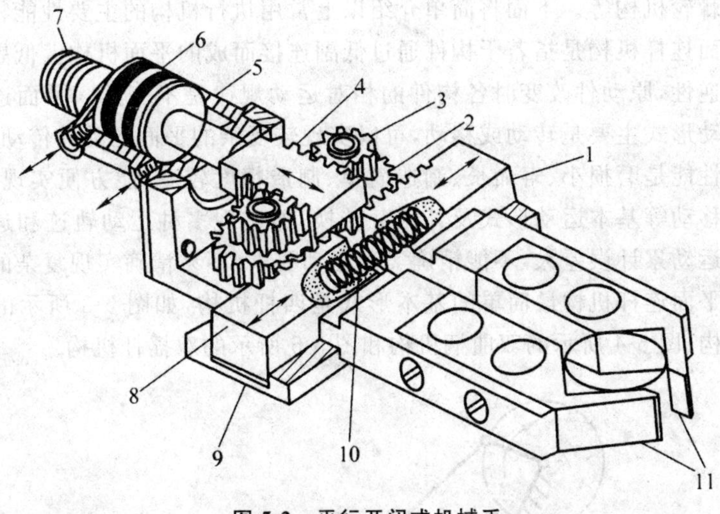

图 5-2　平行开闭式机械手

5.1.2　执行系统的功能

由于不同的机械系统要完成的工作任务不同，所以执行系统的功能也存在很大差异。但归纳各类执行系统分析可知，执行系统的基本功能一般包括以下四个方面。

①传递和输出所需要的运动。

②传递和输出所需要的动力。

③实现运动形式和运动规律的变换。

④完成预定的辅助工作(如定位、夹紧等)。

5.2　常用的典型执行机构及其主要性能特点

执行机构设计和制造的主要性能特点是否能有效地满足使用要求和工艺要求，是否能有效地应用于生产实际，将严重地影响机械系统的工作质量和效率。而执行系统设计时首先要考虑的是采用什么机构去完成所确定的运动规律。由于执行系统的工作条件各异，动作要求千变万化，往往单个基本机构难以完成这些复杂的要求。因此，根据执行系统设计需要，同时考虑机械的结构限制、动力性能、制造难易和经济特性等条件，由常用的执行机构进行有机地组合，从而形成满足实际需要和比较合理的方案。

目前，常用的执行机构主要有平面连杆机构、齿轮机构、凸轮机构、螺旋机构和棘轮机构等。下面将简单介绍以上常用执行机构的主要性能特点。

平面连杆机构是指若干构件通过低副连接而成的平面机构。低副运动具有可逆性，原动件改变时各构件的相对运动规律是不变的。平面连杆机构的运动形式主要是转动或移动，可以实现较复杂的平面运动和传动放大。其主要性能是磨损小、寿命长、制造简单、制造精度较高，能方便实现转动、摆动和移动等基本运动形式及其相互转换，能实现多种运动轨迹和运动规律。但运动累计误差大，不能精确实现运动要求，不易精确实现复杂的运动规律。平面连杆机构最简单的基本形式是四杆机构，如图 5-3 所示的曲柄摇杆机构、图 5-4 所示的双曲柄机构和图 5-5 所示的双摇杆机构。

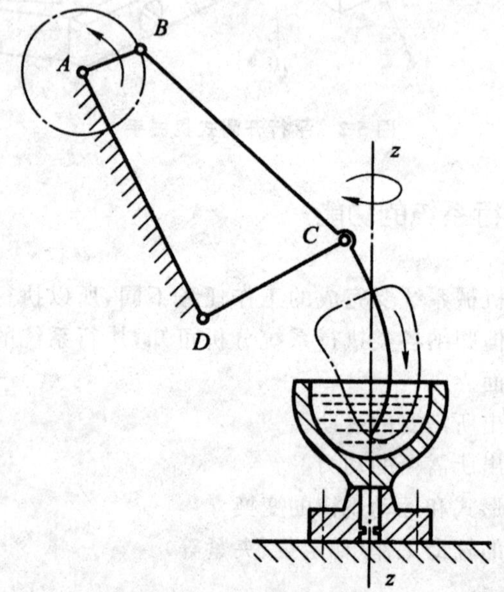

图 5-3　曲柄摇杆机构

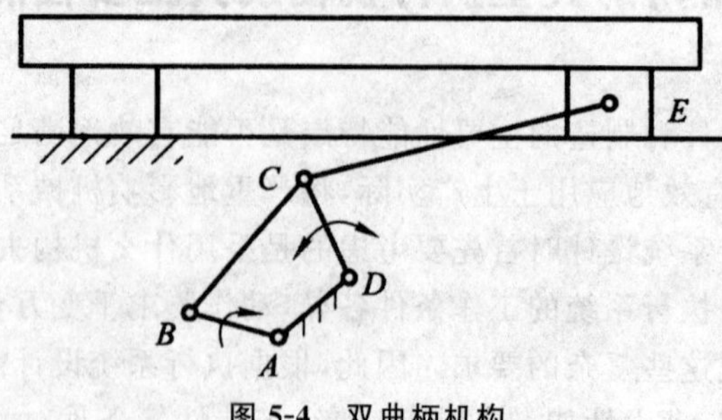

图 5-4　双曲柄机构

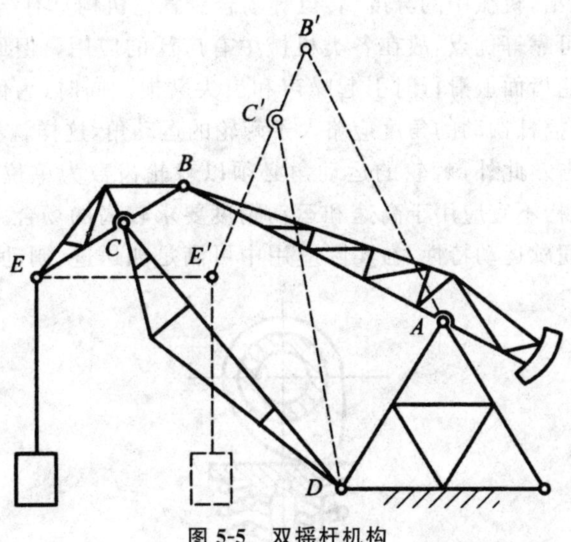

图 5-5　双摇杆机构

齿轮机构是现代机械中应用最为广泛的一种传动机构,可以用来传递空间任意两轴间的运动和动力,具有传动准确、平稳、机械效率高、使用寿命长、工作安全可靠等特点。齿轮机构可分为变传动比传动齿轮机构和定传动比传动齿轮机构两大类。

凸轮机构就是由凸轮、从动件和机架三个主要构件所组成的高副机构。在各种机器中,尤其是自动化机器中,为实现各种复杂的运动要求,常采用凸轮机构。其设计比较简便,只要将凸轮的轮廓曲线按照从动件的运动规律设计出来,从动件就能较准确地实现预定的运动规律,如图 5-6 所示的内燃机配气凸轮机构和图 5-7 所示的自动机床上控制刀架运动的凸轮机构。凸轮机构只要适当地设计出凸轮的轮廓曲线,就可以使推杆得到各种预期的运动规律,且机构简单紧凑。但由于凸轮轮廓线与推杆之间为点、线接触,易磨损,所以凸轮机构多用在传力不大的场合。

螺旋机构能将回转运动变换为直线运动,其运动准确性高,且有很大的减速比;工作平稳、无噪声,可以传递很大的轴向力。但由于螺旋副为面接触,且接触面间的相对滑动速度较大,故运动副表面摩擦、磨损较大,传动效率较低,一般螺旋传动具有自锁作用,即螺母的移动不能作为输入运动,也即螺母的移动不能带动螺杆转动。螺旋机构的结构简单,制造方便,在各种机械产品如仪器仪表、工装夹具、测量工具等方面得到广泛应用。

棘轮机构是机械中常见的一种间歇运动机构,通常输入运动为连续运动,输出运动为周期性的运动和停歇。它广泛应用于如机床和自动机中的送进、成品输出，机械中的分度、转位等场合。棘轮机构具有结构简单、制造方便和运动可靠等优点，故在各类机械中有广泛的应用。但回程时摇杆上的棘爪在棘轮齿面上滑行时引起噪声和齿尖磨损。同时，为使棘爪顺利落入棘轮齿间，摇杆摆动的角度应略大于棘轮的运动角，这样就不可避免地存在空程和冲击。此外，棘轮的运动角必须以棘轮齿数为单位有级地变化。因此，棘轮机构不宜应用于高速和运动精度要求较高的场合。棘轮机构所具有的单向间歇运动特性，在实际应用中可满足如送进、制动、超越离合和

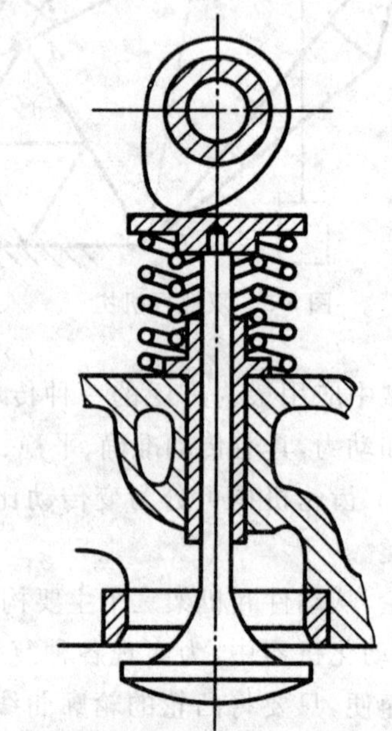

图 5-6　内燃机配气凸轮机构

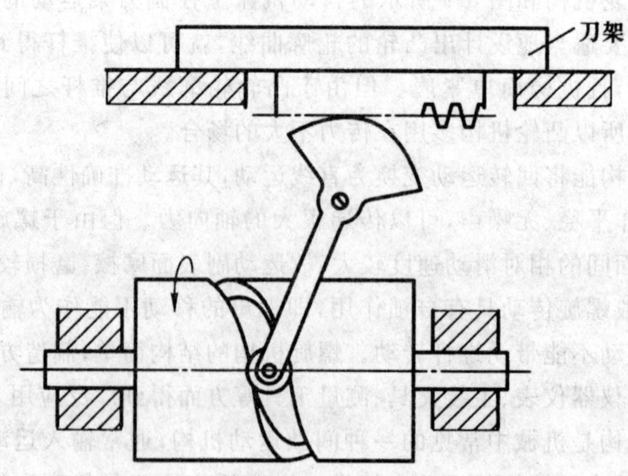

图 5-7　自动机床上控制刀架运动的凸轮机构

转位、分度等工艺要求。如图 5-8 为双动式棘轮单向机构。

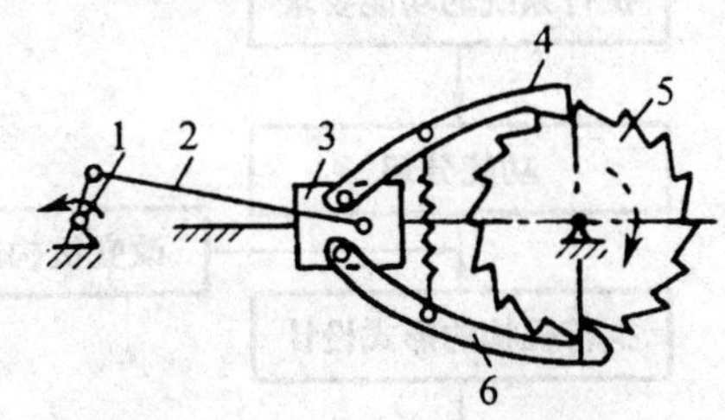

图 5-8　双动式棘轮单向机构

1—曲柄；2—连杆；3—滑块；4—棘爪；5—棘轮；6—钩头棘爪

5.3　执行系统的设计

5.3.1　执行系统设计的基本要求

在设计执行系统时，既要确定机械系统中各个子系统、元件、器件的相互连接、相互作用的设计要求，又要明晰它们之间的协调功能，从而使整个机械系统设计方案最优。因此，执行系统设计必须满足以下要求。

①实现预定的运动和动作。

②各构件具有足够的刚度和强度。

③各执行机构间的动作应协调。

④结构合理、造型美观，便于加工与安装。

⑤工作安全可靠，有足够的使用寿命。

除上述之外，根据执行系统的工作环境，还可能有防腐或耐高温等要求。

5.3.2　执行系统设计的步骤

执行系统的设计与其设计的内容、难易程度以及工作环境有关，通常执行系统的设计不存在固有的设计程序，但为使容易掌握，可将其设计流程概括如图 5-9 所示。

(1)确定执行系统的功能要求并进行功能分解。

首先要明确执行系统的功能要求，并在此基础上合理地进行功能分解。

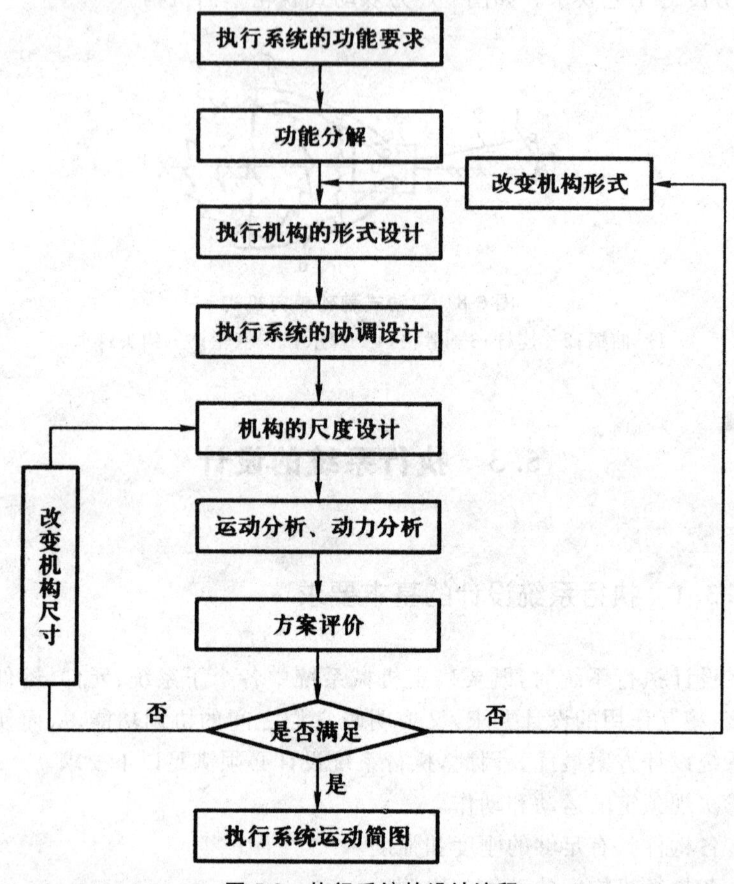

图 5-9　执行系统的设计流程

(2)进行执行系统的形式和协调设计。

机构形式设计具有多样性和复杂性，满足同一功能要求时可选用或创造不同的机构类型。执行系统的形式设计包括执行机构的选型和执行机构的构型。执行机构的选型是指利用发散思维的方法，将前人创造发明出的各种机构按照运动形式或实现的特定功能进行分类，然后根据设计要求尽可能地将所有可能的机构形式进行比较和评价，确定合适的机构形式。

当根据执行系统的功能设计要求确定了实现各执行功能元件的机构形式后，需要将各执行机构形成一个整体，使这些机构以一定的次序协调动作，互相配合，完成机械预定的总功能，同时在空间布置上也应满足协调性和操作上协同性的要求。这一过程称为执行系统的协调设计。

(3)进行执行机构的运动学、动力学分析,评价、修改确定执行系统设计方案。

确定执行机构的尺度后,对执行机构进行运动学和动力学分析,以确定其是否满足执行系统的功能要求。由于满足同一运动形式或特定功能要求的机构方案有很多,对这些方案应从运动特性、工作性能、动力性能等方面进行综合评价。执行系统各项评价指标是根据执行机构设计的主要要求和功能设定的,主要包括执行系统的性能指标、运动性能、工作性能、动力性能、经济性和结构紧凑的特性。如运动性能主要评价其运动规律、运动轨迹、运转速度、传动精度;动力性能主要评价其承载能力、传力特性、振动和噪声等;经济性则主要考虑其加工难易、维护方便性以及能耗大小等。

(4)执行系统运动图。

执行系统运动图描述了各执行构件运动间的相互协调配合关系。在编制执行系统运动图时,必须选取机构中某一主要的执行构件作为参考件,取其有代表性的特征位置为起始位置,作为确定其他执行构件相对于该主要执行构件运动的先后次序和配合关系的基准。执行系统运动图是设计机器的控制系统和进行机器调试的依据。

5.4　执行机构的创新设计

5.4.1　执行机构变异创新设计

5.4.1.1　机构的倒置

机构的运动构件与机架的转换,称为机构的倒置。按照相对运动原理,倒置后的机构各构件相对运动关系并不改变,但可以得到不同特性的机构,改变输出构件的运动规律,以满足不同的功能要求;还可以简化机构运动分析与动力分析的方法,使机构设计与分析变得简单。

(1)铰链四杆机构倒置。

铰链四杆机构在满足曲柄存在的条件下,取不同构件为机架,可以分别得到双曲柄机构、曲柄摇杆机构、双摇杆机构。图 5-10 所示铰链四杆机构,满足有整转副存在的条件。当最短杆 4 作机架时[图 5-10(a_1)],为双曲柄机构;筛砂机[图 5-10(a_2)]利用了双曲柄机构从动曲柄的非匀速转动特性和筛(滑块)具有的往复运动特性,使砂在惯性力和变向惯性力的作用下,在筛中翻滚而实现筛砂的功能。当最短杆的邻接杆(1或3)作机架时[图5-10(b_1)]，为曲柄摇杆机构；颚式破碎机[图5-10(b_2)]则利用了曲柄摇杆机构从动摇杆在工作行程时慢速而力大的特点完成破碎工作。当最短杆的对边杆2作机架时[图5-10(c_1)]，为双摇杆机构；鹤式起重机[图5-10(c_2)]即利用两连架杆均为摇杆，而连杆上一点轨迹有一段为水平直线段的特点，既安全又省力地完成起重作业。

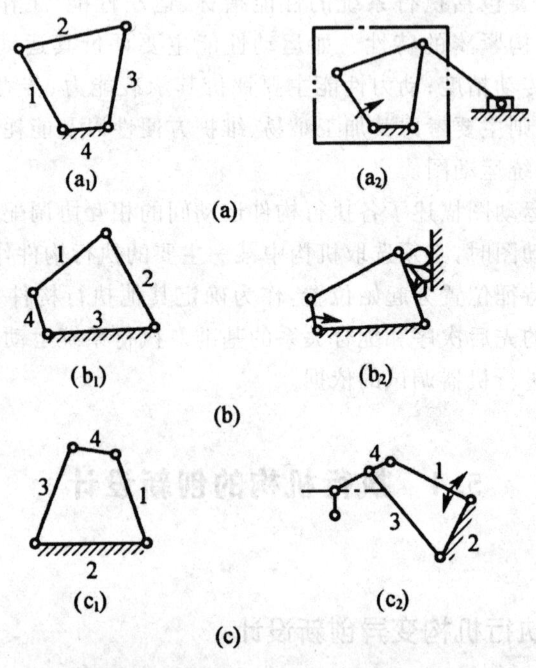

图5-10　铰链四杆机构倒置及应用

(a)双曲柄机构及应用；(b)曲柄摇杆机构及应用；(c)双摇杆机构及应用
(a_1)双曲柄机构；(a_2)筛砂机；(b_1)曲柄摇杆机构；
(b_2)颚式破碎机；(c_1)双摇杆机构；(c_2)鹤式起重机

(2)凸轮机构倒置。

图5-11所示为三构件凸轮机构。当构件1作机架时[图5-11(a_1)]，为典型的凸轮机构，一般凸轮做主动件，由凸轮轮廓形状控制从动件3作预定规律的运动；图5-11(a_2)所示机构为自动机床中刀具进给用凸轮机构，凸轮通过从动件3控制与齿条固结的刀具完成快速进刀接近工件，匀速进刀进行切削加工，退刀复位的工作顺序。当凸轮2作机架时[图5-11(b_1)]，为固定凸轮机构，其特点是构件3可实现又转又移的复合运动；图5-11(b_2)所示插秧机分插机构即是利用构件3上M点(放秧爪处)走预定复杂轨

迹并且构件 3 又有恰当位姿要求的特性，完成从秧箱中分秧并插入大田的工作。

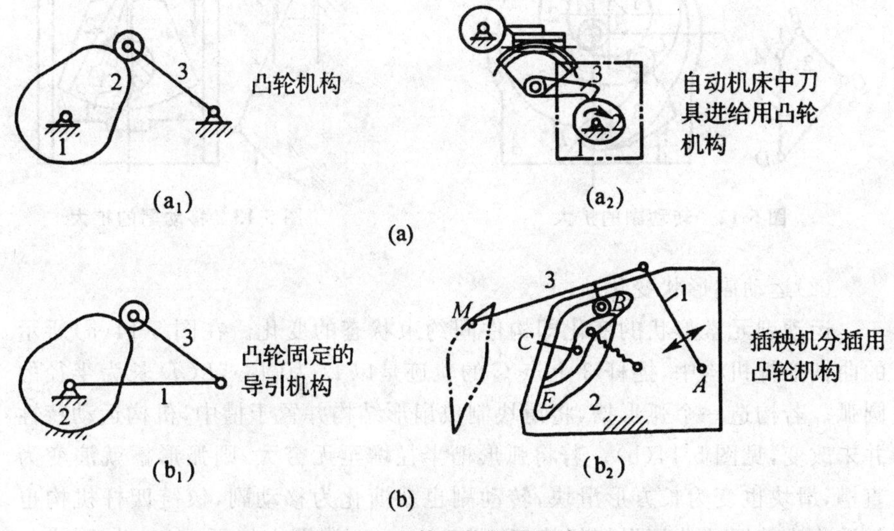

图 5-11　凸轮机构倒置及应用

(a)典型凸轮机构；(b)固定凸轮机构

(3)齿轮传动机构倒置。

固定齿轮传动机构经过机架变换后可得到行星轮系机构，由于行星轮具有公转与自转特性，使得该机构的传动比发生了巨大变化。

5.4.1.2　运动副的变异与演化

运动副的变换方式有很多种，常用的有运动副尺寸、形状、位置变化和运动副类型变化等。

(1)运动副尺寸变化。

①扩大转动副。转动副的扩大主要是指组成转动副的销轴和轴孔在直径尺寸上的增大，各构件之间的相对运动关系没有改变。图 5-12 所示曲柄摇杆机构，转动副 B 扩大，其销轴直径增大到包括了转动副 A，此时，曲柄 1 就变成了偏心盘，连杆 2 就变成了圆环状构件，原始机构就演化成一个旋转泵。

②扩大移动副。移动副扩大是指组成移动副的滑块与导路尺寸的增大，滑块扩大后，可把其他构件包容在块体内部，适合应用在剪床或压床之类的工作装置中，如图 5-13 所示的冲压机构。因滑块质量较大，连杆的刚度也较大，将会产生较大的冲压力。

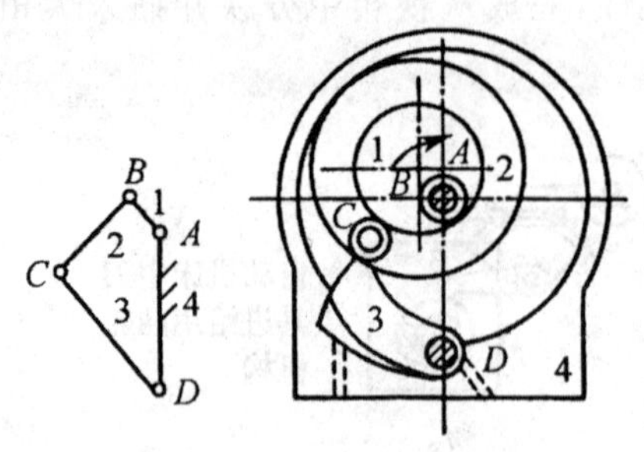

图 5-12 转动副的扩大

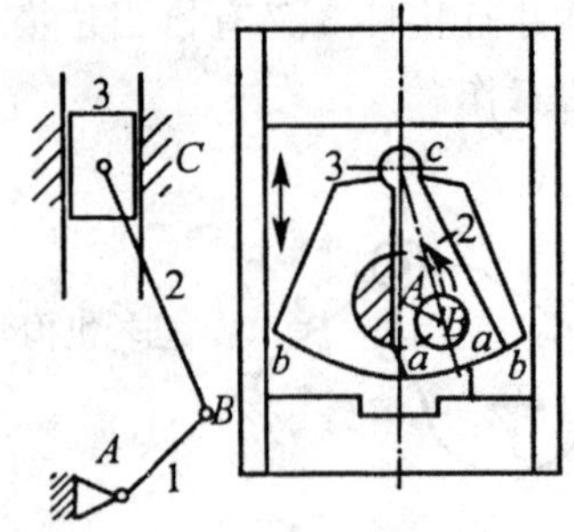

图 5-13 移动副的扩大

(2)运动副形状变化。

运动副元素形状的变化即构件间约束状态的变化。在图 5-14(a)所示的曲柄摇杆机构中,摇杆 3 上点 C 的轨迹是以 D 为圆心,LCD 长为半径的圆弧。若构造一个弧形槽,将滑块制成扇形结构并置于槽中,机构运动特性并未改变,见图 5-14(b)。若将弧形槽半径增至无穷大,则弧形槽就演变为直槽,滑块也变为长方形滑块,转动副也就演化为移动副,铰链四杆机构也就演化为偏置式曲柄滑块机构,见图 5-14(c)。当图中偏距 $e=0$ 时,则成为对心式曲柄滑块机构,见图 5-14(d)。

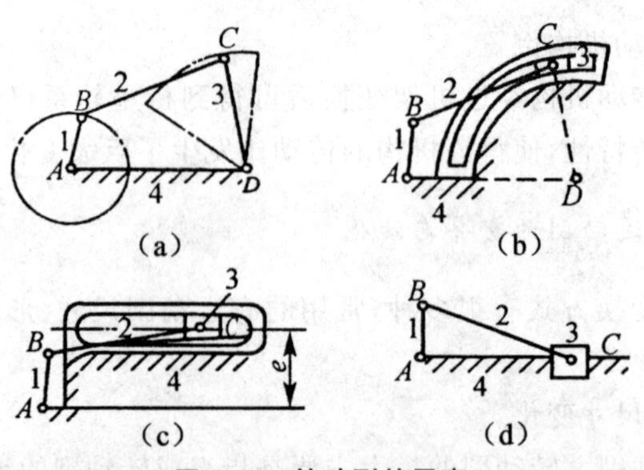

图 5-14 转动副的展直

(3)运动副位置变化。

运动副位置变化就相当于与运动有关的构件尺度的变化。一般来说,尺寸或尺寸比的变化会使机构运动特性发生变化。

在齿轮机构中,用两对齿轮减速时,若输入输出齿轮成同轴线布置,可以减小垂直于轴线平面内的尺寸;若布置为行星轮系,此机构可取得大的传动比而机构尺寸较小。再如铰链四杆机构,两转动副间成无限远布置则变为曲柄滑块机构,两构件间的相对转动就变为相对移动。

(4)运动副的合成与分解。

几个简单运动副元素组成一个有复杂功能的运动副或一个运动副只取一段而重复设置以达到接力传递或时分时合传递运动的运动副群称为运动副的合成;相反,一个运动副分为几个简单运动副的过程称为运动副的分解。

图 5-15 所示为凸轮及其变异齿轮。当要求主动构件作顺时针方向连续转动,与主动构件组成滚滑副的从动构件作逆时针方向的连续转动(整圈转动)时,图 5-15(a)所示的凸轮机构实现不了上述运动要求。为实现上述要求,取多条相同的廓线段,按“接力”的条件等距安排。如图 5-15(b)所示即是满足上述要求的齿轮机构。

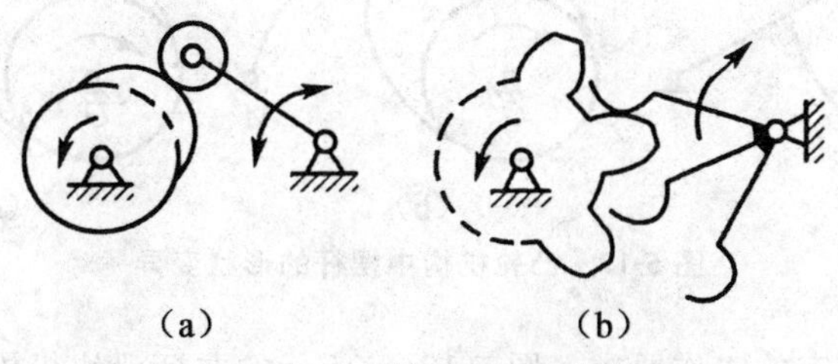

图 5-15 凸轮及其变异齿轮

(a)凸轮机构;(b)齿轮机构

(5)运动副的等效代换。

运动副的等效代换是指在不改变运动副自由度的条件下,用平面运动副代替空间运动副,或是低副与高副之间的代换,而不改变运动副的运动特性。如可以利用三个轴线相交的转动副代替一个球面副;用滚动导轨代替滑动导轨、用滚珠丝杠代替传统的螺旋副等。

图 5-16(a)所示的偏心圆凸轮高副机构,当以低副代换后[图 5-16(b)],虽然对其运动特性没有影响,但由于低副是面接触易于加工,耐磨性能好,因而提高了其使用性能。

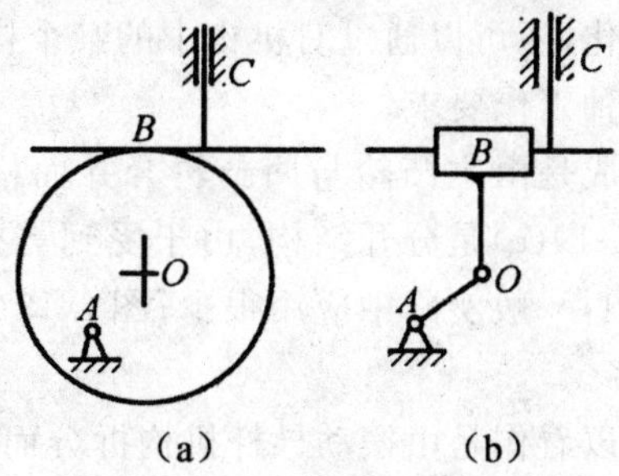

图 5-16 高副低代法构型的机构

5.4.1.3 构件的变异与演化

(1)构件形状的变异。

①避免构件之间的运动干涉。研究机构运动时,各构件的运动空间是必须要考虑的问题,否则可能发生构件之间或构件与机架的运动干涉。在摆动凸轮机构中,为避免摆杆与凸轮廓线发生运动干涉,经常把摆杆做成曲线状或弯臂状。如图 5-17(a)所示为机构的综合结果,图 5-17(b)、(c)为摆杆变异设计结果。

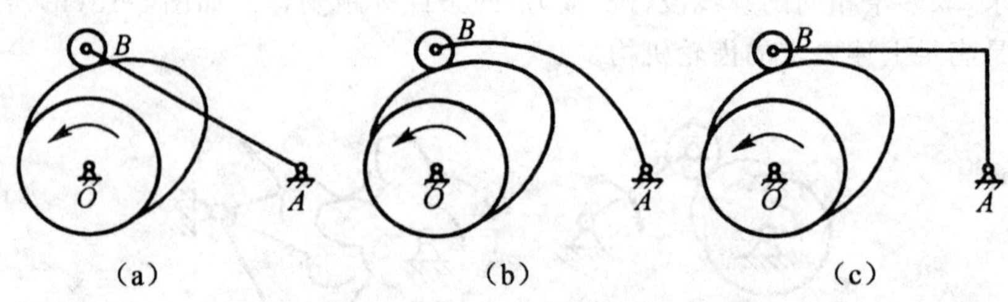

图 5-17 凸轮机构中摆杆的形状变异

②满足特定的工作要求。图 5-18(a)所示的曲柄滑块机构中,将导路和滑块制作为曲线状,可得到图 5-18(b)所示的曲柄曲线滑块机构,曲率中心的位置按工作需要确定。该机构可用在圆弧门窗的启闭装置中。

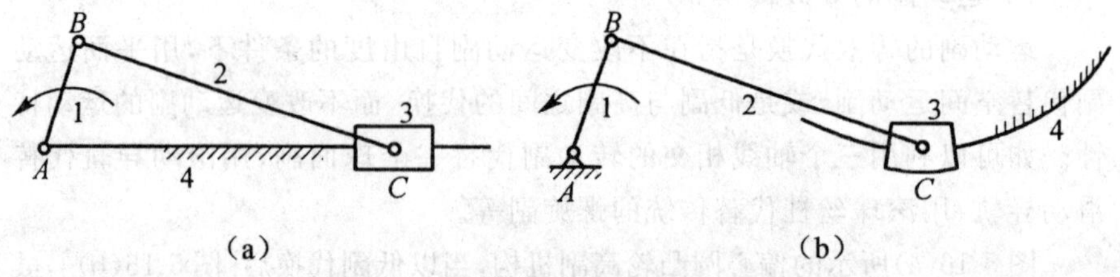

图 5-18 曲柄滑块机构中构件形状变异

(2)构件的合并与拆分。

构件的变异与演化,还可以通过对机构中的某个构件进行合并与拆分,来实现新的功能或各种工作要求。

共轭凸轮可以看成是由主凸轮与回凸轮合并而构成,如图 5-19 所示。其中图 5-19(a)和图 5-19(c)是分开结构,由于受到需要同步驱动装置的限制,以及体积大的影响,一般实际中应用很少;图 5-19(b)和图 5-19(d)是合并结构,实际应用较多。

内外槽轮机构可以看作是由摆动导杆机构拆分而获得的,如图 5-20 所示。分析摆动导杆机构的运动可以发现,当曲柄的 B 铰处于 B'位置时,摆杆的摆动方向与曲柄同向；当曲柄的 B 铰处于 B'' 位置时，摆杆的摆动方向与曲柄反向。摆动方向改变的位置是曲柄垂直于导杆时的位置。若以该垂直位置为分界线，把导杆的槽拆分成两部分，一部分如图 5-20(c)所示，为外槽轮机构；另一部分如图 5-20(d)所示，为内槽轮机构。

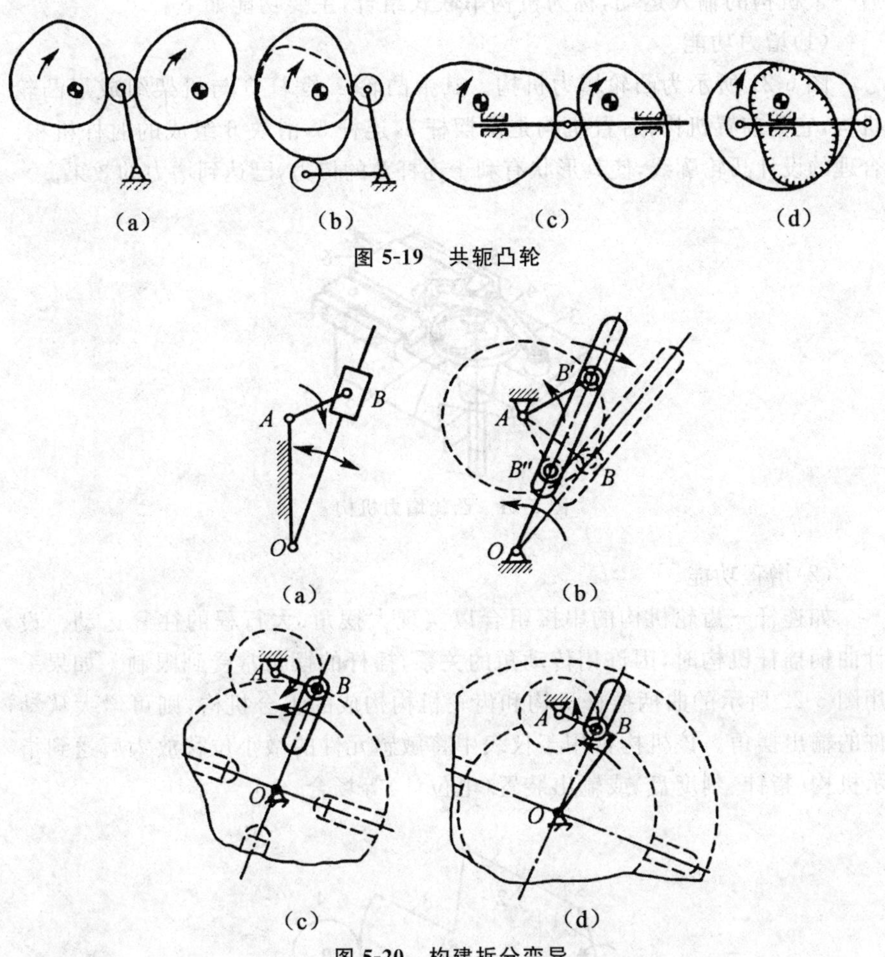

图 5-19　共轭凸轮

图 5-20　构建拆分变异

5.4.2　执行机构组合创新设计

为了实现复杂的运动与动作，常将两种以上的基本机构进行组合，充分利用各自的良好性能，改善其不良特性，创造出能够满足原理方案要求的具有良好运动和动力持件的新型机构。机构的组合方式一般分为串联式组合、并联式组合、封闭式组合、叠加式组合、时序组合等。下面详细说明串联式组合和并联式组合两种组合方式的应用。

5.4.2.1 串联式组合

把若干个单自由度的基本机构顺序连接，使前一个机构的输出运动是后一个机构的输入运动，称为机构串联式组合，主要功能如下。

(1)增力功能。

图 5-21 所示为凸轮增力机构。其中凸轮 2，摆杆 3 与机架组成了凸轮机构，它为前置机构；后置机构是由摆杆 3，连杆 5，滑块 6 组成的肘杆机构。合理的设计凸轮廓线，使其形状有利于连杆 5 的传力，已达到增力的效果。

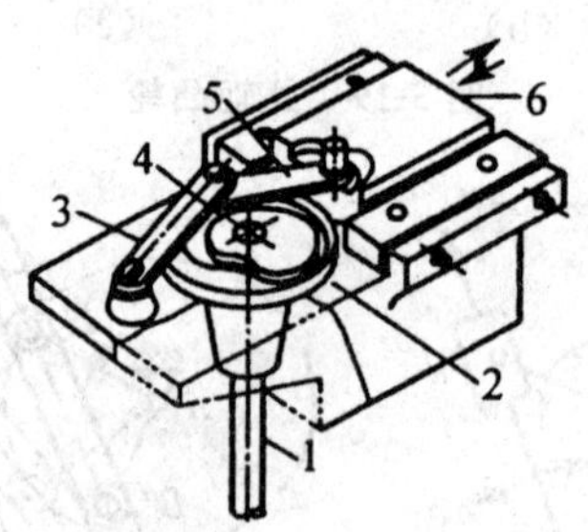

图 5-21 凸轮增力机构

(2)增程功能。

如连杆—齿轮机构的串接组合以实现大摆角、大行程的往复运动。设计曲柄摇杆机构时，因许用传动角的关系，摇杆的摆角常受到限制。如果采用图 5-22 所示的曲柄摇杆机构和齿轮机构构成的组合机构，则可增大从动件的输出摆角。该机构常用于仪表中将敏感元件的微小位移放大后送到指示机构(指针、刻度盘)或输出装置(电位计)等场合。

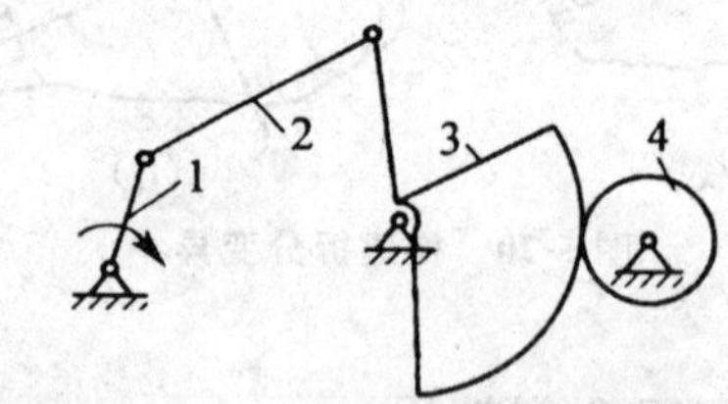

图 5-22 用于扩大摆角的连杆—齿轮机构

(3)实现输出构件特定的运动规律。

如图 5-23 是一个输出构件具有间歇运动特性的串联组合机构。前置机构为曲柄摇杆机构 $OABD$，其中连杆 E 点的轨迹为图中虚线所示。后置机构是一个具有两个自由度的五杆机构 $DBEF$。因连接点设在连杆的 E

点上，所以当轨迹为直线时，输出构件将实现停歇；E 点运动轨迹呈曲线时，输出构件再摆动。

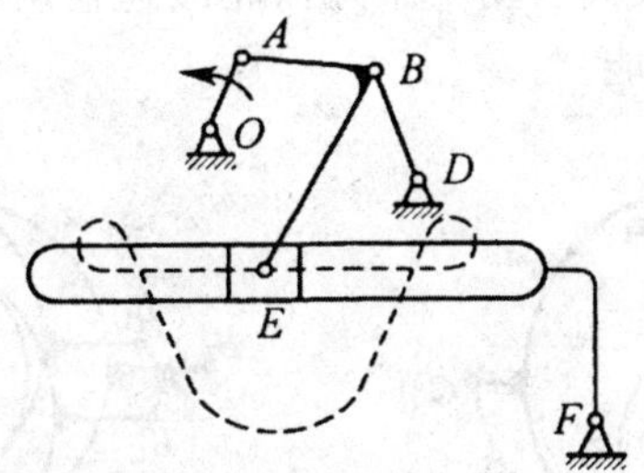

图 5-23　间歇运动六杆机构

(4)改善输出构件的动力特性。

图 5-24 是曲柄滑块机构与槽轮机构串联组合的机构。其中图 5-24(a)中的曲柄 1 为主动件，连杆上圆销 3 作图上虚线所示的轨迹运动，它驱动槽轮 2 实现间歇转位运动。并且滑块 4 在槽轮转动停止时及时地进入槽轮的径向槽内，实现可靠的锁止功能，此时分度槽又起定位槽的作用。但若槽数为偶数时，需要专设定位槽供滑块进入实现定位，如图 5-24(b)所示。这种串连的转位机构可在较高速度条件下工作，并且转位平稳、锁止可靠、结构简单，远胜于普通的槽轮机构。

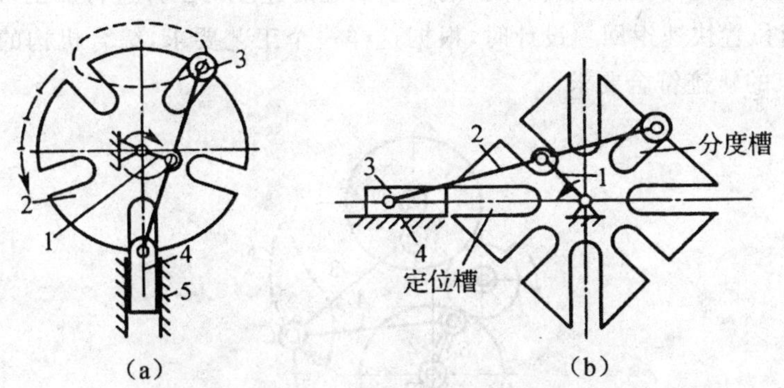

图 5-24　曲柄滑块机构与槽轮机构的串联组合

5.4.2.2　并联式组合

以一个多自由度单元机构作为基础机构，将一个或几个单自由度单元机构作为附加机构，将其输出构件接入基础机构，而附加机构的输入运动并非由基础机构的输出运动反馈而得，或两个及两个以上基本机构并列布置并共有一个输入构件(或输出构件)的组合方式称并接式组合。其基本功能如下：

(1)改善机构的工作性能。

如图 5-25 所示平动齿轮机构中,采用并联组合后,可得到三环减速器机构。三个平动齿轮共同驱动一个外齿轮减速输出,不但增加了运动平稳性,而且改善了传力性能。

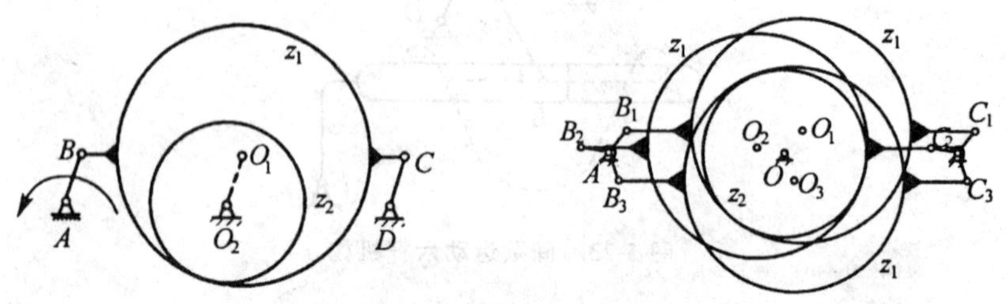

图 5-25　三环减速器机构

(2)实现特定的运动轨迹或运动规律。

图 5-26 是一个压力机机构。它由两个五杆机构 *AOACD* 和 *BOBCD* 并联组合而成,它们同时又串联了尺寸相同的齿轮机构。工作时,主动齿轮同时与分别和两个曲柄 1 和 2 固联的齿轮相啮合,因而使两个曲柄能同步转动,致使滑块 6 沿导路 7 上下移动。该机构工作时,铰接点 *C* 的轨迹是的形状使冲头 6 的运动速度能够满足工艺要求。即冲头由其上折反位置以中等速度接近工件,然后以较低且近似于恒定的速度对工件进行加工,最后由下折返位置快速返回。设计时,根据这样一个工艺要求,综合机构的尺寸,使 *C* 点的轨迹符合要求。

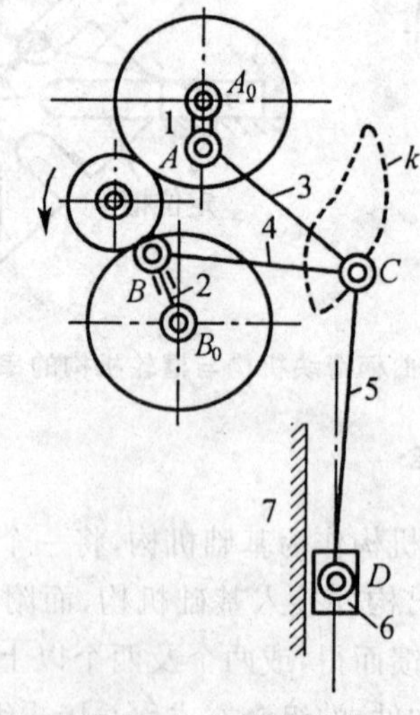

图 5-26　压力机机构

(3)完成复杂动作的配合。

图 5-27 是一个双滑块驱动机构。摇杆滑块机构与反凸轮机构并联组合,共同的主动构件是做往复摆动的摇杆 1。一个从动构件是大滑轮 2,摆杆 1 的滚子在滑块的沟槽内运动,致使滑块左右移动,相当于一个移动凸轮;另一个从动件则是小滑块 4,由摇杆 1 经连杆传递运动,致使小滑块也实现左右移动。因有不同的机构传递运动,所以大小滑块具有不同的运动规律。该机构一般用于工件的输送装置。工作时,大滑块在右端位置先接受工件,然后左移,再由小滑块将工件推出。设计时须注意两个滑块动作的协调与配合。

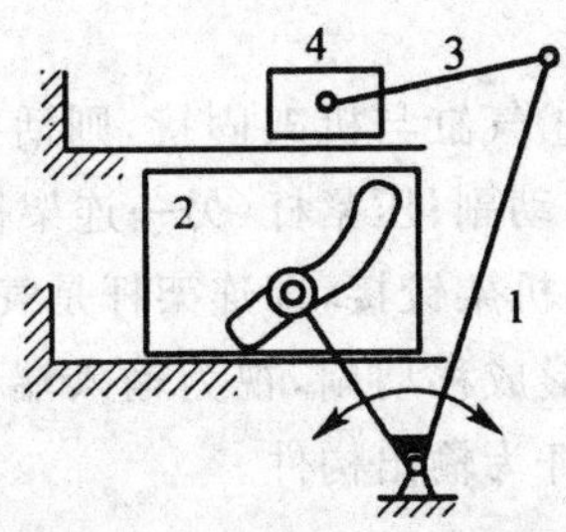

图 5-27 双滑块驱动机构

5.4.3 执行机构再生创新设计

设计一个新机构时,要构想出能达到预期动作要求的机构,往往非常困难,但是在现有机构的基础上,开发一个超过现有机构,性能更好的机构还是有许多方法可遵循的。机构再生设计就是实现这样一个新机构的有效途径。

机构再生设计也称为运动链再生设计,其设计的基本思路是:①首先确定一个原始机构,并分析该机构的结构组成和功能约束;②将原始机构进行一般化处理,还原到基本运动链(即一般化运动链)的形式;③进一步将运动链进行结构系列化(即组合运动链),即找出不同结构形式、相同构件数与运动副数的一组运动链;④最后将系列化运动链进行有目标的选择,并将选定的运动链按其功能约束进行特定化处理,就可生成再生的新机构。

下面以全低副型平面六杆气动压紧机构的创新设计为例说明再生创新设计的步骤。

(1)原始机构。

图 5-28 所示为气动压紧机构(六杆机构)的原始机构运动简图。

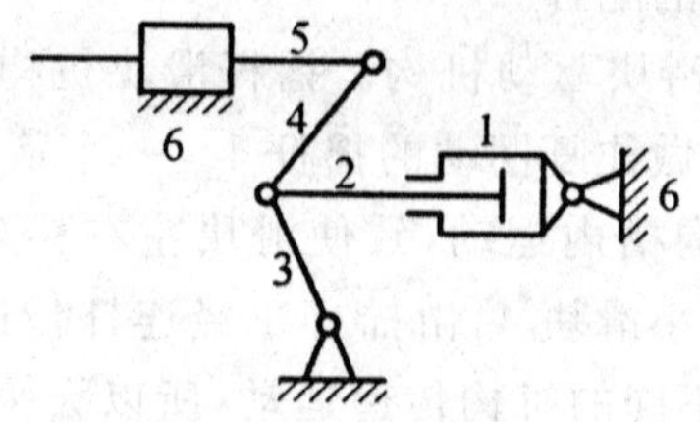

图 5-28　六杆压紧机构

1—压紧机构的活塞；2—压紧机构的气缸；3—支撑臂；
4—浮动杆；5—压紧杆；6—机架

(2)设计约束。

本例的约束条件为：①气缸与机架固接，则活塞杆（连架杆）为主动（输入）构件，且与机架组成移动副；压紧杆（另一连架杆）为输出构件，它也与机架组成移动副。②气缸与机架铰接，即连架杆是气缸，与该连架杆相连的构件作为活塞杆，且与气缸形成移动副，视为输入端；另一连架杆（压紧杆）与机架组成移动副，该压紧杆为输出构件。

(3)机构复原与变异。

该机构的一般化运动链如图 5-29(a)所示。六杆机构有两个基本结构链，即瓦特链和史蒂文逊链，这两个结构链中各有两个三副构件。三副构件中若有两个转动副的距离变为零，则该构件将表达成具有复合铰链的两副构件。根据此关系，将图 5-28 恢复成基本结构链：首先将图中移动副变为转动副如图 5-29(a)所示；再去掉机架，画成如图 5-29(b)所示结构链；继而将复合铰链处的一个两副构件扩展为三副构件，如取构件 3 扩展，得瓦特链

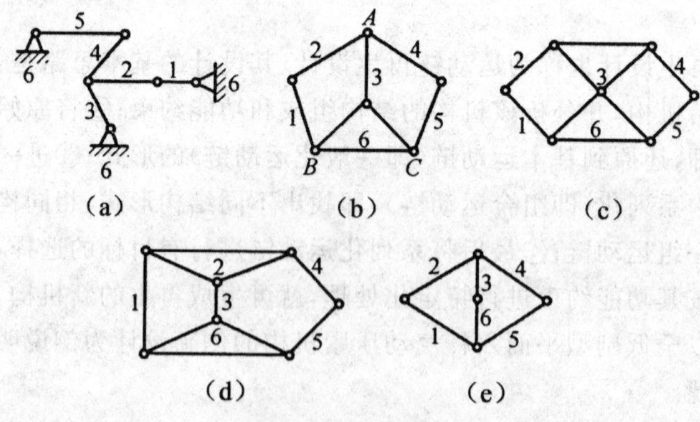

图 5-29　机构复原

(a)全转动副；(b)无机架；(c)扩展为三副构件之一；
(d)扩展为三副构件之二；(e)基本结构链变异

[见图 5-29(c)],如取 2(取 4 得相同结构)扩展,得史蒂文逊链[见图 5-29(d)];最后,将两个三副构件均变异成两副构件[见图 5-29(e)]。

(4)按照约束条件画结构链树图并确定有效方案。

有效结构链指基本结构链及其有效的变异结构链在组成机构时必须要有一个构件作为机架,有与机构自由度数相符的输入构件和必要的输出构件,其余构件对于输出构件来说也是不可缺少的。所以,这一步的工作就是根据设计要求,确定有关的限制(约束)条件,然后用树图法先后列出哪个构件作机架,哪个构件作输入构件,哪个构件作输出构件的所有方案,并从中剔除无效方案(即存在对输出构件的运动不起作用的构件的方案),最后留下的就是符合要求的所有可能方案。在此基础上,可再按照机构运动特性或其他要求再进行低副高代的变异,则机构的方案就更多。

按照约束条件①画瓦特链(见图 5-30)的树图以确定有效方案。图 5-30 的中括号中的构件标号表示制订方案时可供选择而实际不必选的构件。如选三副构件 6 作为机架时,得到的机构方案与选三副构件 3 作为机架时得到的机构方案是相同的,这是因为瓦特结构链上下、左右是对称的,所以当选了 6 作机架时,就不需再选 3 作机架的方案了。同理,在选 1 作为机架

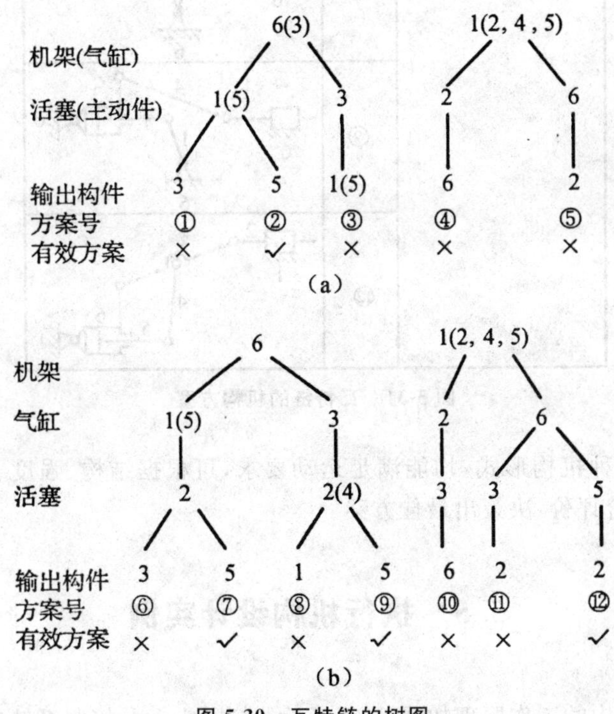

图 5-30　瓦特链的树图

(a)约束条件①;(b)约束条件②

时，就不必再有 2,4,5 作为机架的方案了。图中有效方案一行有“×”者表示此方案无效，有“√”者表示为有效方案。如图中的①号方案，是以构件 6 为机架，1 为主动活塞杆，3 为输出构件，2 为连杆，从输入到输出，只需要 6—1—2—3 组成的四杆机构，此链中的构件 4,5 对 3 的运动实际不起约束和传递运动的作用，所以对六杆机构来讲，它是无效方案。则可确定 4 种有效方案。按照约束条件②的瓦特链的树图与按照约束条件①、②的史蒂文逊链的树图在这就不再赘述，可确定其机构有效方案总共有 17 个。

(5)有效方案机构简图。

以上 4 个有效方案的机构简图画在图 5-31 中。

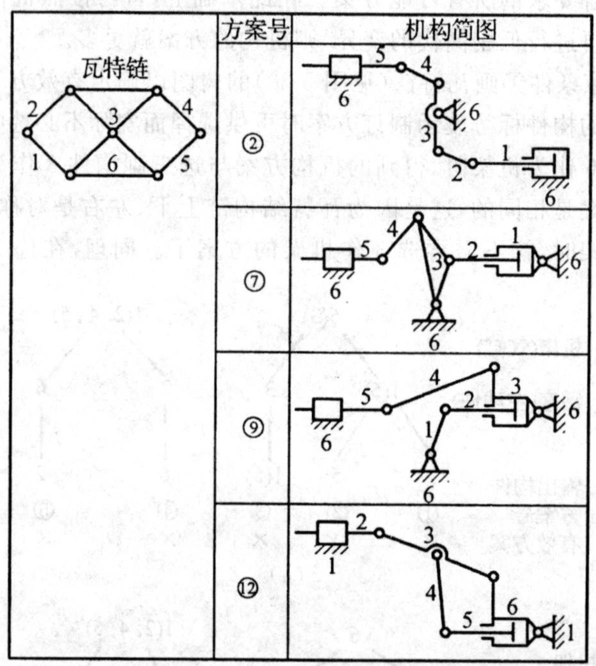

图 5-31　瓦特链的机构方案

上述 4 种机构形式，均能满足运动要求，可根据结构、强度、精度等要求，进行综合评价，决策出最佳方案。

5.5　执行机构设计实例

打印机构的工作原理如图 5-32 所示。打印头 1 在控制系统的控制下，完成对产品 2 的打印。下面绘制执行机构的运动循环图。

(1)确定打印头的运动循环。

若给定打印机构的生产纲领为 4 500 件/班，理论生产率为

$$Q_T=\frac{4\ 500}{8\times 60}\text{件/min}=9.4\ \text{件/min}$$

可取 $Q_T=10$ 件/min 则打印机构的工作循环时间为

$$T_p=1/10\ \text{min}=6\ \text{s}$$

(2)确定运动循环的组成区段。

根据打印的工艺功能要求，打印头的运动循环由下列 4 段组成：

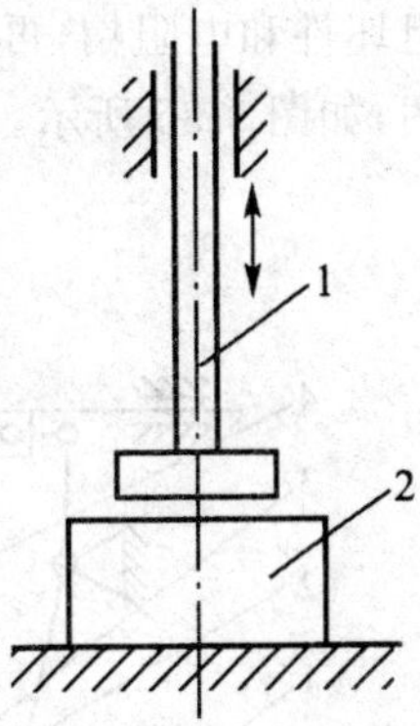

$$T_p=T_k+T_s+T_d+T_0$$

图 5-32　打印机构

1—打印头；2—产品

式中，T_k 为打印头向下接近产品；T_s 为打印头打印产品时的停留；T_d 为打印头的向上返回运动；T_0 为打印头在初始位置上的停留。

(3)确定运动循环内各区段的时间及分配轴转角。

根据工艺要求，打印头应在产品上停留的时间为

$$T_s=2\ \text{s}$$

相应的 T_k 和 T_d 可根据执行机构的可能运动规律初步确定为

$$T_k=2\ \text{s},T_d=1\ \text{s}$$

则得 $T_0=1$ s。

(4)绘制执行机构的运动循环图。

将以上的计算结果绘成直角坐标式循环图，如图 5-33 所示。

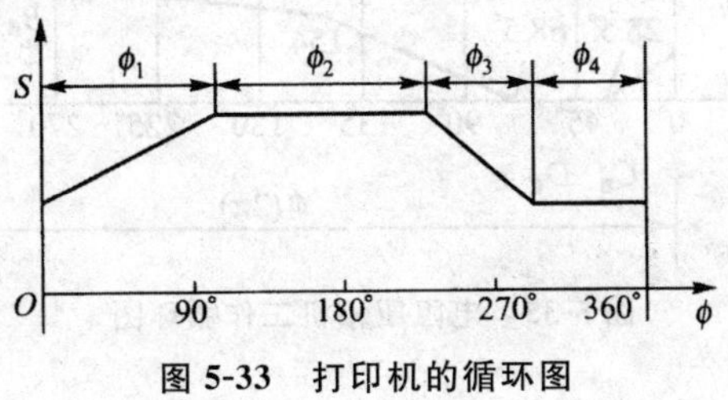

图 5-33　打印机的循环图

当系统中有多个执行构件时，将它们的运动循环画在同一个图中，就构成了系统的运动循环图。

图 5-34 所示为电阻压帽机的机构简图，当分配轴 1 转动时，带动凸轮机构 2、3、4 及 7 一起运动，其中凸轮机构 3 将电阻坯件 6 送到作业工位上，凸轮 4 将电阻坯件 6 夹紧，凸轮 2 及 7 将两端电阻帽压在电阻坯件上。然后，各凸轮机构先后进入返回行程，将压好电阻帽的电阻卸下，并换上新的

电阻坯件和电阻帽，再进入下一个作业循环。据此，可画出该机器的工作循环图，如图 5-35 所示。

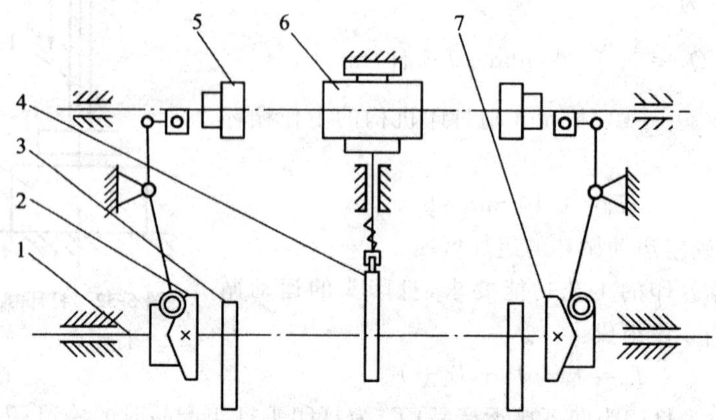

图 5-34　电阻压帽机

1—分配轴；2—压帽机构凸轮；3—电阻送料机构凸轮；
4—夹紧机构凸轮；5—电阻帽；6—电阻坯件；7—压帽机构凸轮

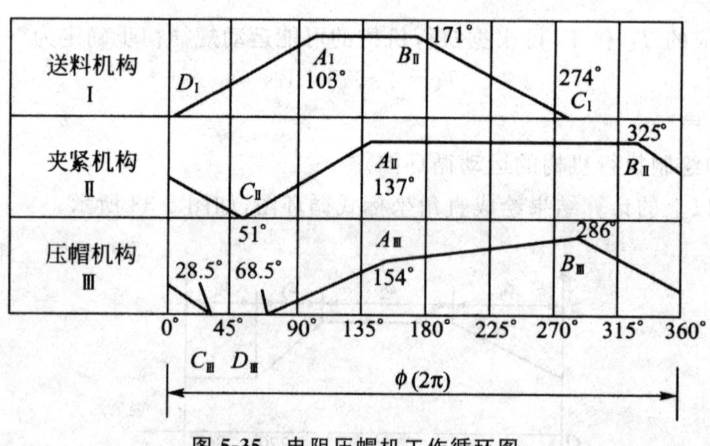

图 5-35　电阻压帽机工作循环图

第6章 操纵系统设计

操纵系统是机械系统的重要组成部分,机械系统的运动状态如动力机的启停及换向,传动系统中传动路线的改变、执行系统的运动方式等窦世友操纵系统的给定输入决定的。

6.1 操纵系统概述

6.1.1 操纵系统的组成

操纵系统主要由操作件、执行件、传动件等组成。

(1)操作件。

操作件是发出指令动作或指令信号的元件。如拉杆、手柄、手轮、电气开关、按钮和脚踏板等。

(2)执行件。

执行件是直接带动被操纵件动作的元件。执行元件是与被操纵部分直接接触的元件,承担预先设计的操纵功能。如滑块、拨叉和销子等。

(3)传动件。

传动件是将操作件的指令动作或指令信号传给执行件的元件。传动件是操纵系统中的中间元件,它将操作件上的力、运动传递到执行件上。如拉杆、摆杆、齿轮齿条、丝杠螺母、螺旋及凸轮等;有时,液压传动、气动传动及电气传动作为助力装置与机械传动配合使用。

有些操纵机构还具有一些其他辅助装置和元件,如:控制件(凸轮、孔盘等)用来控制被操纵件按所要求的方向和行程运动;互锁装置用来防止有互锁要求的各执行件同时动作;指示器可显示被操纵件的运动结果。另外还有导向、定位与限位装置等,如定位元件、锁定元件及回位元件等。

6.1.2 操纵系统的分类

操纵机构种类很多,可以按以下方法分类。

①按一个操作件所控制的被操纵件数目,可分为单独操纵机构和集中操纵机构。

②按执行件的动作方式,可分为摆动式操纵机构和移动式操纵机构等。

③按操纵力和能量的不同,可分为人力操纵机构、助力操纵机构、液压操纵机构和气压操纵机构。

④按传动方式,可分为机械式、混合式(如机械—液压式或机械—气压式)及电气传动等。用电气操纵可以实现远距离的遥控。

⑤按人体器官又可分为手动操纵机构和脚踏操纵机构。手操纵是最经常采用的操纵方式。因为人手动作比脚灵活,动作范围大、功能强,一般总是先考虑用手操纵,只有在操纵力较大、操纵件较多时,才考虑采用脚操纵,或手、脚并用操纵。

6.2 单独和集中操纵机构

一个操作件可控制一个被操纵件或多个被操纵件,前者为单独操纵机构,后者为集中操纵机构,这要根据控制需要来进行设计。

6.2.1 单独操纵机构

采用单独操纵机构时,一个操作件只能控制一个执行件,其优点是结构简单、箱内布局容易、安排手柄位置灵活等。缺点是手柄数多、不好记忆、操作不便等。

6.2.1.1 摆动式操纵机构

图 6-1 所示为摆动式操纵机构。转动手柄 1,经转轴 2、摆杆 3、滑块 4 即可使滑移齿轮 5 沿轴向移动。这种机构的结构简单,应用普遍。摆杆摆动时,滑块运动轨迹是半径为 R 的圆弧,滑块在齿轮环形槽内相对于滑移齿轮轴线会产生偏移量 e。e 越大,操纵越费力,而且滑块有脱离环形槽的可能,所以在设计时,应该力求减少偏移量 e。

6.2.1.2 移动式操纵机构

移动式操纵机构通常用于滑移齿轮移动距离较大的场合。最常用的移动式操纵机构是齿轮齿条操纵机构。如图 6-2 所示,转动手柄 2,经齿轮 3 带动齿条 4,使拨叉 1 沿导向轴 5 移动,从而使滑移齿轮移动。

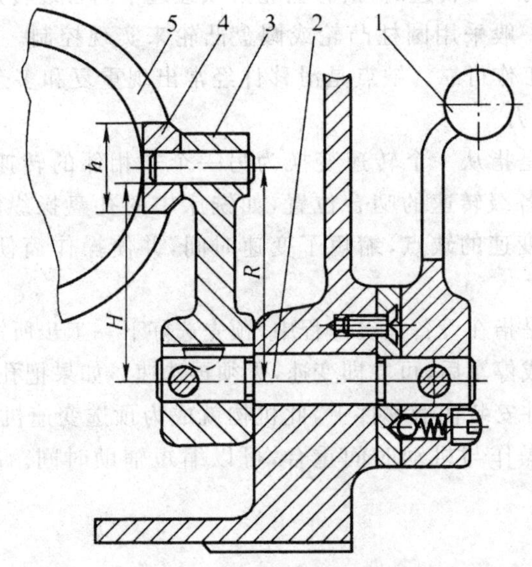

图 6-1 摆动式操纵机构

1—转动手柄；2—转轴；3—摆杆；4—滑块；5—齿轮环形槽

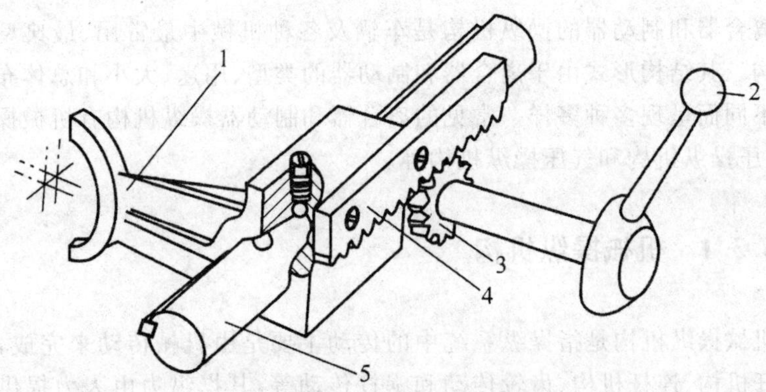

图 6-2 齿轮齿条操纵机构

1—拨叉；2—手柄；3—齿轮；4—齿条；5—导向轴

6.2.2 集中操纵机构

集中操纵机构是指一个操作件控制多个执行件的操纵机构，优点是使用方便，可缩短操作时间。缺点是结构较复杂。

集中操纵机构可分为顺序变速、选择变速和预选变速等。

顺序变速时各级转速的变换是按一定顺序进行的，当一个转速需要变换到非相邻的另一个转速时，滑移齿轮必须经过中间各级转速的啮合位置。顺序变速机构一般采用圆柱凸轮或圆盘凸轮来实现控制。优点是结构简单、紧凑，并且工作可靠。缺点是滑移件经常出现重复和多余的移动，操作时间较长、较费力。

选择变速是指从一个转速变换为另一个非相邻的转速时，滑移齿轮不必经过中间各级转速的啮合位置，如铣床中的孔盘操纵机构。选择变速克服了顺序变速的缺点，缩短了变速时间，并使操作简便；缺点是结构较复杂。

预选变速是指在设备运转过程中，预先选好下一工步所需的转速，因而在上道工步完成停车后，可立即变速，无须再选速。如果把孔盘式选择变速机构的定位元件安装在滑移件上，此机构就成为预选变速机构。预选变速的优点是预选操作与机动时间重合，可以缩短辅助时间。缺点是结构较复杂。

6.3 离合、制动系的操纵机构

离合器和制动器的操纵机构是车辆及各种机械中最常用、最典型的操纵机构。其结构形式由于离合器和制动器的类型、用途、大小和总体布置的要求不同而呈现多种多样。常见的离合器和制动器操纵机构有机械操纵机构、液压操纵机构和气压操纵机构等。

6.3.1 机械操纵机构

机械操纵机构是指操纵系统中的传动主要是由机械传动来完成，如采用杠杆机构、连杆机构、齿轮传动和蜗杆传动等，其操纵力由人力提供。当操纵力较大时，在操纵系统中增加助力器以完成操纵的功能。

6.3.1.1 人力操纵机构

如图 6-3 所示的机构就是为人力操纵离合器的机械式操纵机构。从图中可看出，操纵件的动作由脚踏完成，其传动件为双臂杠杆与平面四杆机构。

设计人力操纵机构时，如果采用手杆操纵，其操纵力不宜超过 150 N；若采用脚踏操纵，其操纵力不宜超过 300 N。

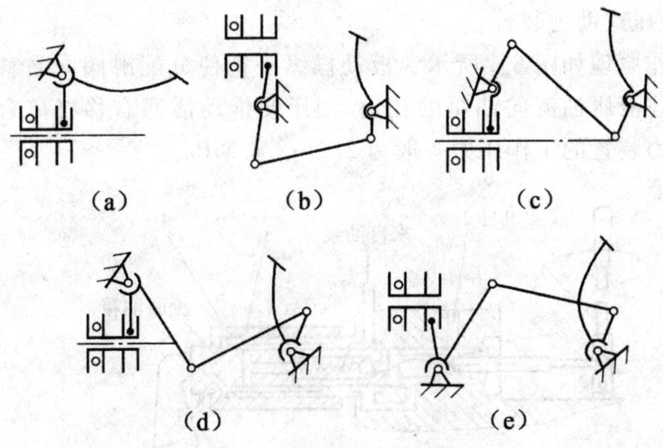

图 6-3　机械式操纵机构

6.3.1.2　助力操纵机构

操纵力较大,大于上述的推荐值,就应当考虑采用助力装置实现助力操纵。常用的助力装置有弹簧式和液压式两种,它们适用于各种大中型机械。

(1)弹簧式助力装置。

这种装置是在操纵机构中安装一个助力弹簧,利用它把离合器接合时压紧弹簧放出的一部分势能贮存起来,供下次分离时使用。图 6-4 为装有弹簧的助力操纵机构。

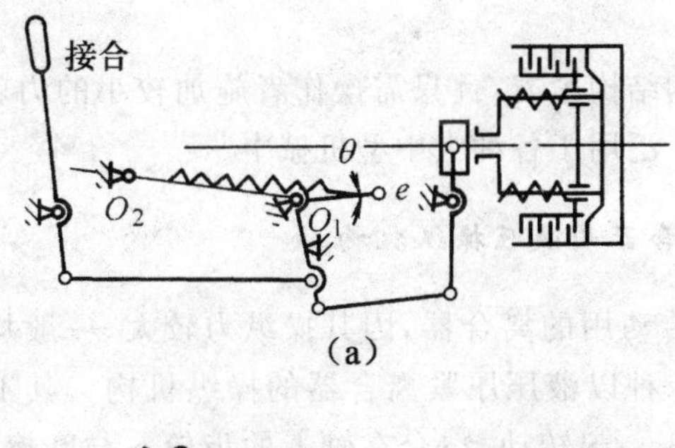

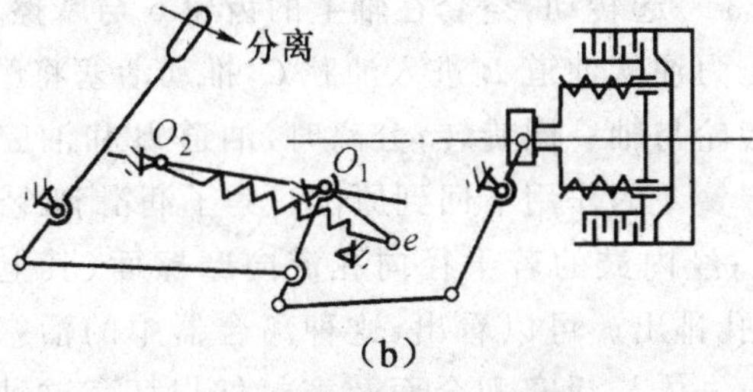

图 6-4　弹簧式助力装置

(2)液压式助力装置。

其工作原理如图 6-5 所示。扳动操纵手柄使分配滑阀向右移动,阀头的锥面堵住液压油流向油箱的孔道,油压便推动活塞右移将离合器分离。液压式助力装置的工作压力一般为 2.0～2.5 MPa。

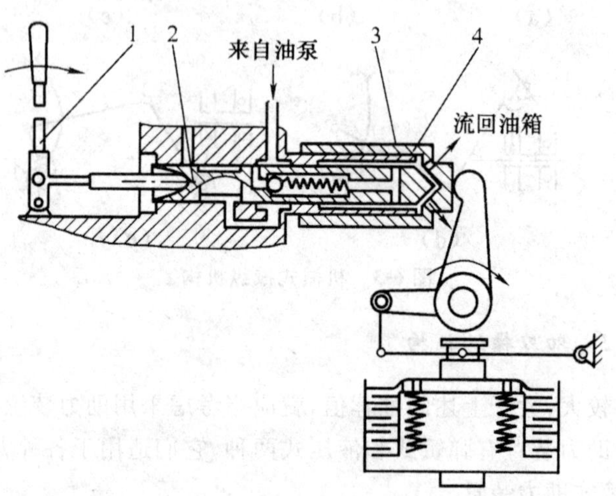

图 6-5 液压式助力装置

1—操纵手柄;2—分配滑阀;3—滑阀导管;4—活塞

6.3.2 液压操纵机构

液压操纵机构结构紧凑,且只需操作者施加较小的力就能获得较大的操纵力,因此,被广泛用于各种大中型机械中。

6.3.2.1 离合器用液压操纵机构

对于大功率传动用的离合器,因其操纵力较大,一般均采用液压操纵方式。图 6-6 为一种以液压压紧离合器的操纵机构。其工作原理为:轴、缸体和摩擦钢片 3 一起转动,空套在轴上的齿轮 6 与摩擦片 4 一起转动。离合器接合时,压力油从油道 B 进入油腔 C,推动活塞将摩擦钢片 3 和摩擦片 4 压紧,使齿轮与轴一同旋转;分离时,油道 B 和油腔 C 与溢油路相通,活塞在分离弹簧 7 的作用下回到原位。为了润滑和冷却摩擦面,低压油从油道 A 进入,经内鼓的若干径向孔流向摩擦面(其上开有油槽),然后从外鼓的径向孔排出。可以看出,这种离合器中的活塞必须与缸体一同旋转,才能防止缸体与活塞配合面及密封件损坏。这种油缸称为旋转油缸。

油缸的施压方式有活塞施压和缸体施压两种。图 6-6 为活塞施压，油液对活塞的力通过摩擦钢片 3、摩擦片 4 和承压盘 5 传到缸体上，与油液直接对缸体的力相平衡，不传到轴上。图 6-7 为缸体施压，油液对缸体的力通过摩擦片、内鼓、轴承等传到轴上，与油液对活塞的力相平衡。这使轴承及用于轴向定位的挡圈、螺母等承受较大的轴向力。

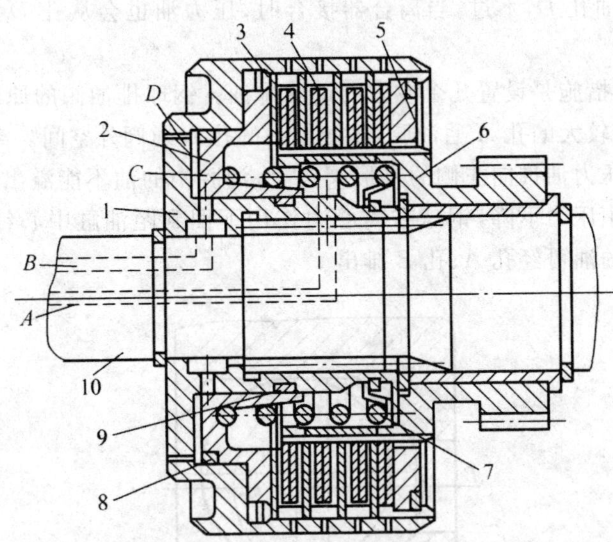

图 6-6　活塞施压液压操纵机构

1—缸体；2—活塞；3—摩擦钢片；4—摩擦片；5—承压盘；
6—齿轮；7—分离弹簧；8—金属密封环；9—橡胶密封圈；10—轴

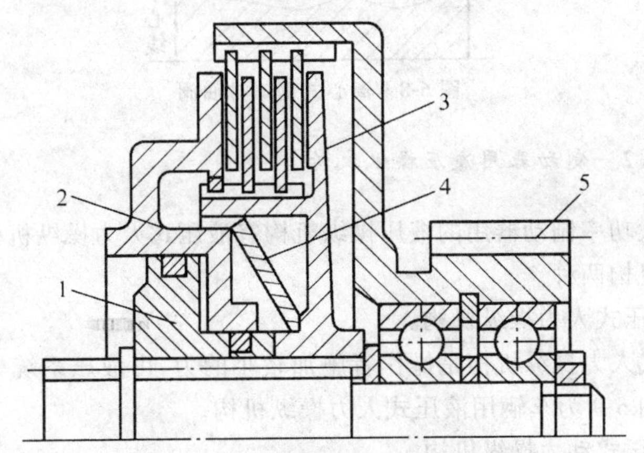

图 6-7　缸体施压液压操纵机构

1—活塞；2—缸体；3—离合器内鼓；4—蝶形分离弹簧；5—齿轮

旋转油缸的一个重要问题是排油困难。以图 6-6 的油缸为例，当离合器分离时，油腔 C 虽与溢油路连通；但因其中的油液随油缸旋转而具有离心力。这种离心力使油的压力达到相当高的程度，它阻止活塞回位，使摩擦片难以分离。用加大弹簧分离力的办法强制活塞回位是不可取的，这不仅增加弹簧尺寸，而且增加离合器接合时的阻力。为此，可在缸体(或活塞)上开油孔 D，不过，当离合器接合时，压力油也会从孔 D 溢出，延长接合时间。

较好的措施是设置几个专门的钢球排油。钢球排油阀的原理如图 6-8 所示。右侧较大的孔 A 通油腔，左侧较小的孔 B 通阀外空间。离合器接合时，钢球被压力油推向左侧的锥形阀座上，油腔中的油不能溢出；离合器分离时，油腔中压力下降，钢球在离心力作用下回到距油缸中心线最远的壁上，油腔中的油可经孔 A、孔 B 排出。

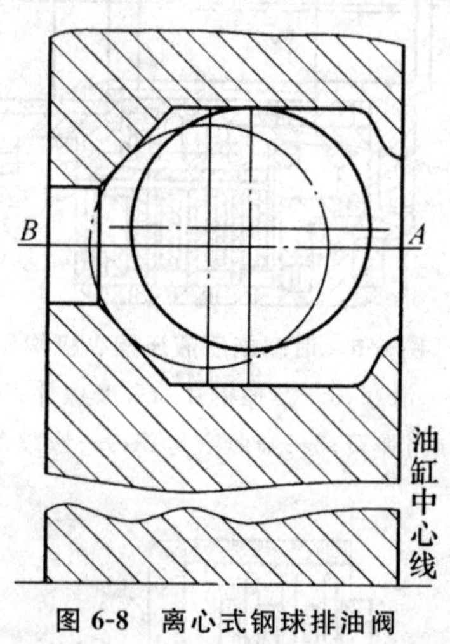

图 6-8 离心式钢球排油阀

6.3.2.2 制动器用液压操纵机构

对于大功率制动器用的液压操纵机构有液压式人力操纵机构和液压式动力操纵机构两种。

(1)液压式人力操纵机构。

液压式人力操纵机构是操作者施加较小的力，由液压系统施加较大的操纵力。图 6-9 为车辆用液压式人力操纵机构。

(2)液压式动力操纵机构。

车辆制动操纵即为液压式动力操纵机构，原理如图 6-10 所示。

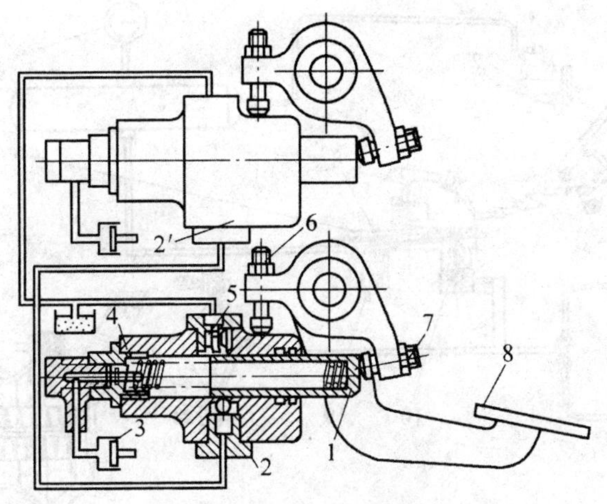

图 6-9　液压式人力操纵机构

1—滑阀；2、2′、4—单向阀；3—制动油缸；
5—补充油液单向阀；6、7—调整螺钉；8—制动踏板

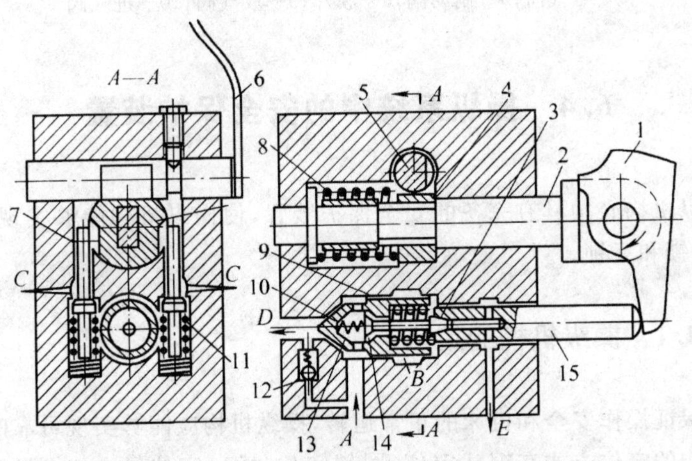

图 6-10　液压式动力操纵机构

1—制动踏板；2—轴；3—锥阀；4—凸轮；5—联销轴；6—联锁手柄；
7—单向阀；8、9、10、11—弹簧；12—限压阀；13、14—锥阀；15—阀顶杆

6.3.3　气压操纵机构

气压式动力操纵机构具有操纵力大，且动作快等特点。因此，它也广泛应用于各种车辆的制动系统中或各种机械设备的操纵机构中。图 6-11 为一种车辆用气压制动系统简图。

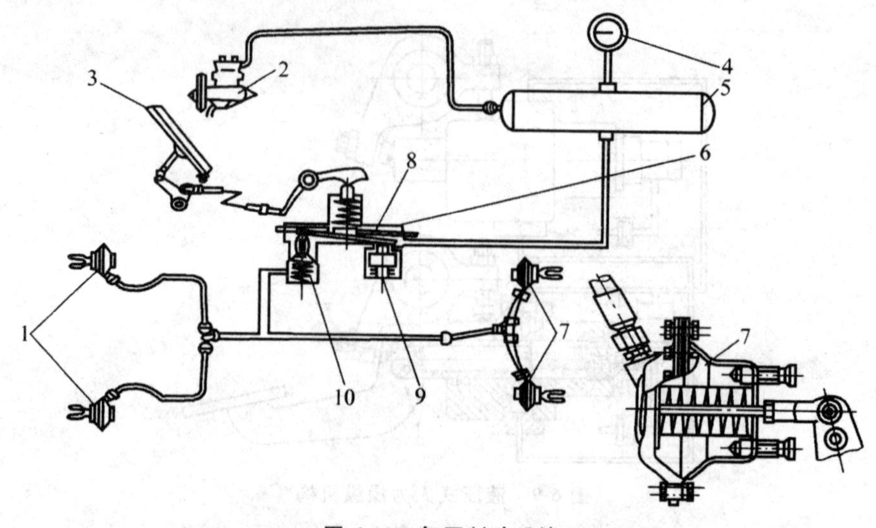

图 6-11 气压制动系统

1、7—制动气缸；2—气泵；3—制动踏板；4—压力表；
5—贮气筒；6—制动阀；8—膜片；9—放气阀；10—进气阀

6.4 操纵系统中的安全保护装置

操纵机构必须具有完备的安全保护装置，使操纵机构能够实现可靠的定位、自锁和互锁。

6.4.1 操纵机构的定位

为保证操作安全和机床的正常运转，操纵机构应能够实现可靠的定位。操纵机构的定位方式有钢球定位、圆销定位、槽口定位等。如图 6-12 为钢球定位机构，挡圈 2 上钻有与各个变速位置相对应的定位孔。变速时，转动手柄 1 至选定的变速位置，则钢球被弹簧推入定位孔，实现了操纵机构的定位。图 6-13 所示为圆锥销定位机构。

定位机构安装位置对定位精度有不同的影响，定位机构的安装位置可以在操作件上、执行件上或被操纵件上。

(1)定位机构布置在操作件上(见图 6-12、图 6-13)。

定位机构到被操纵件之间的传动环节较多，传动累积误差较大，所以被操纵件的定位误差也较大。

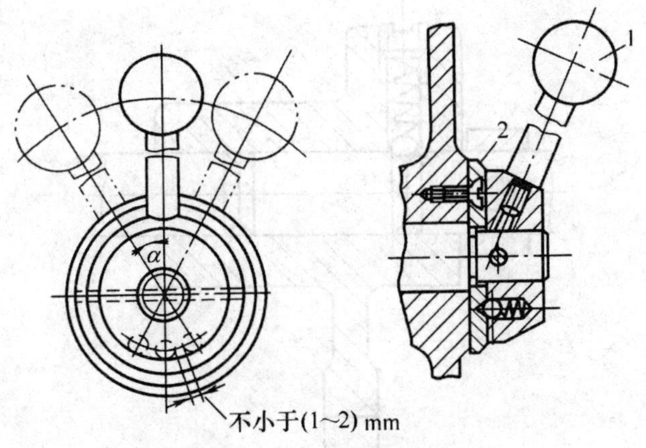

图 6-12　钢球定位机构

1—手柄;2—挡圈

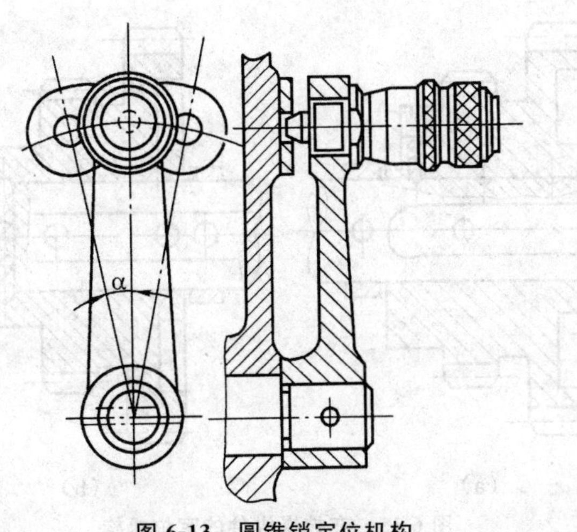

图 6-13　圆锥销定位机构

(2)定位机构布置在执行件(拨叉)上(见图 6-14)。

这时传动环节少,累积误差较小,故被操纵件的定位误差也较小。

(3)定位机构布置在被操纵件上(见图 6-15)。

这种操纵方式,可使被操纵件的位置精度最高。为防止被操纵件在动作过程中超程,在行程终点处装有固定挡圈。图 6-15(a)所示是将定位孔设计在轴上,使装配、调整比较方便,但有时定位不够可靠。图 6-15(b)所示的双钢球结构,定位可靠,但调整不太方便。

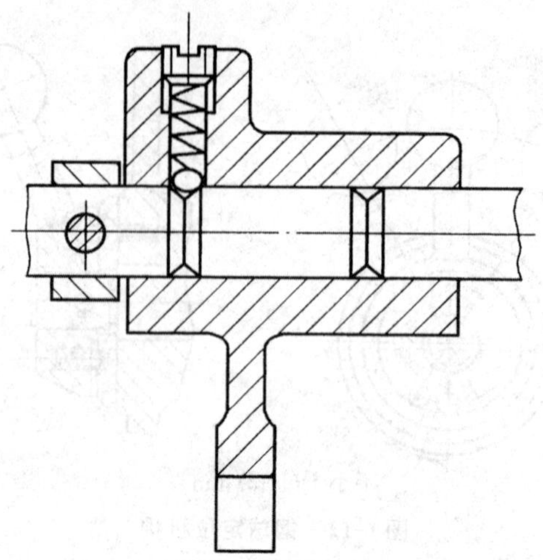

图 6-14　在拨叉上的定位机构

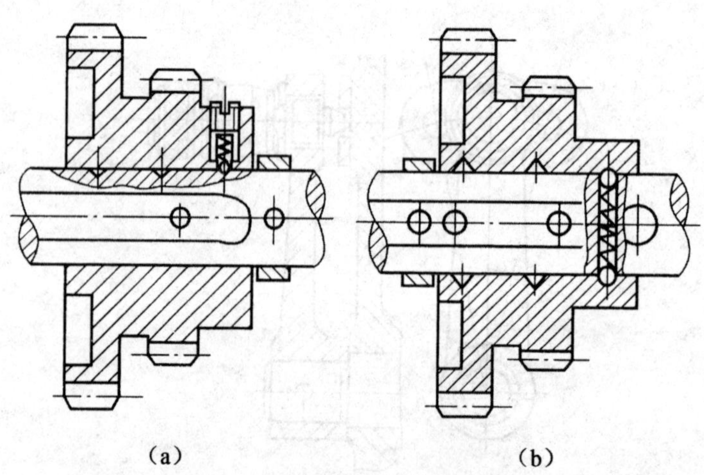

(a)　　(b)

图 6-15　在被操纵件的定位机构

6.4.2　自锁机构

自锁机构以一定的预压力把操纵件、执行件或中间的某传动件固定在规定的位置上。只有所施加的操纵力大于这个预压力，操纵件或执行件才会动作。图 6-16 为滑移齿轮操纵系统中采用的钢球自锁机构。钢球在弹簧力的作用下，使钢球压紧在齿轮的 V 形槽内起到自锁作用。当作用在齿轮上的轴向力大于压紧力在齿轮轴向上的分力时，齿轮才能滑移。这就保证了齿轮不能自动滑移，也不会影响正常的传动。

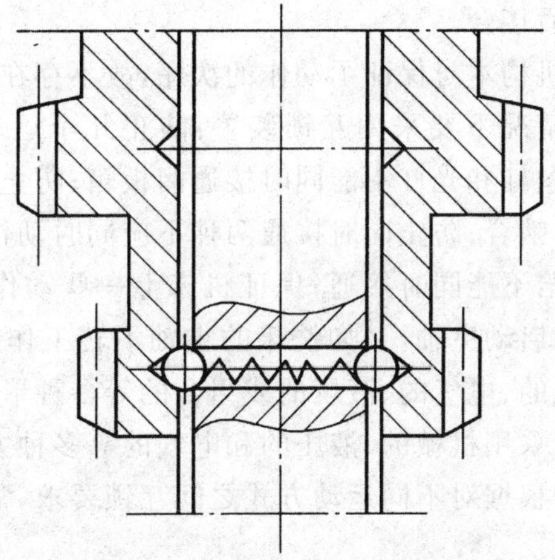

图 6-16　滑移齿轮钢球自锁机构

钢球自锁机构上切制的槽型一般有两种：半圆形和 V 形，如图 6-17 所示。槽的夹角 α 将影响移动滑杆需要的操纵力大小。半圆形槽型在球窝边缘磨损后，α 角减小，会使滑杆移动的轴向力减小。因此，它的自锁性能不如 V 形槽型。

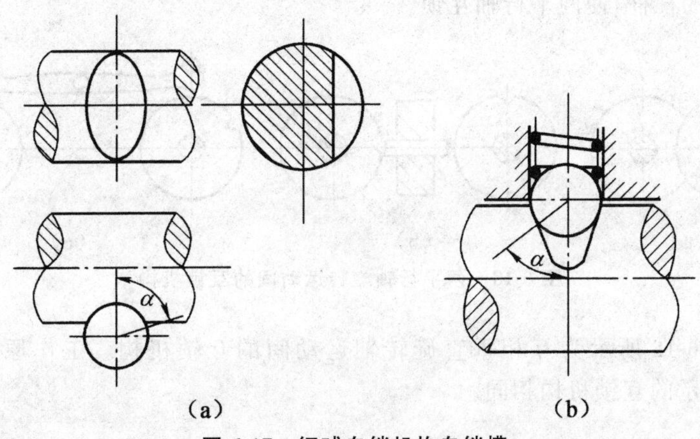

图 6-17　钢球自锁机构自锁槽

6.4.3　互锁机构

整台设备上凡是可能互相干涉的运动都应互锁。互锁机构使操纵系统在进行一个操作动作时把另一个操作动作锁住，从而避免机械发生不应有的运动干涉，保证在前一执行件的动作完成后才可使另一执行件动作。如在车辆和机床等各类机械的变速箱中不会同时挂两个挡；在离合器和制动器配合动作的操纵系统中，应保证离合器先脱开、制动器后制动，以及制动器先松开、离合器后接合。

集中操纵时，机构本身保证了动作的次序，故不存在互锁问题。单独操纵时，一般在下列情况下要采用互锁装置：防止几个运动同时传动某一部件，如卧式车床中丝杠和光杠不能同时接通溜板箱；防止两轴间有两对或两对以上的齿轮同时啮合；防止同时接通两种不应同时动作的运动，如普通车床中的纵、横向进给不能同时接通；保证机床上一些动作按一定次序工作，如制动器放松才能启动主轴，又如铣床的主轴不转工作台不能进给等。互锁装置可以是机械的、电气的、液压的或组合的等多种形式。

互锁机构可以采用机械的、液压的和电气的等多种方式来实现。

机械互锁机构根据对不同运动方式之间互锁要求，常见的有下列几种。

6.4.3.1 旋转运动间互锁

图 6-18 为用于平行轴间的几种互锁机构。图 6-18(a)为两个手柄轴上各装有一个带缺口的圆盘，图中所示位置只能左面的一个转动，只有两缺口相对时，才能转动两个轴中的任意一个。图 6-18(b)所示是采用一个可左右推移的柱销使两平行轴互锁。图 6-18(c)所示为中间用一个能绕中间小轴摆动的杠杆，使两平行轴互锁。

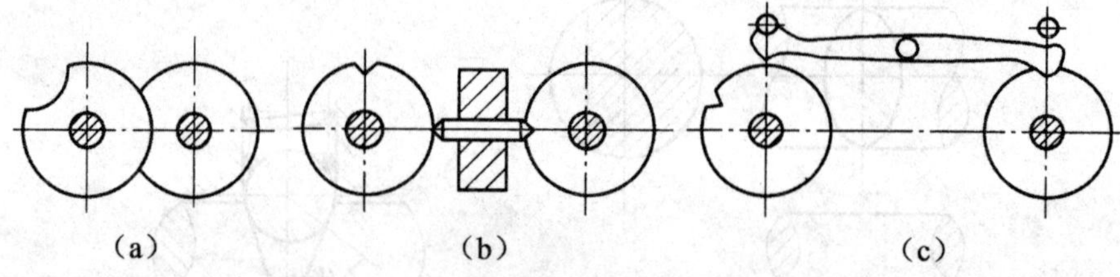

图 6-18　两平行轴旋转运动间的互锁机构

图 6-19 所示为互相垂直旋转轴运动间的互锁机构。工作原理与图 6-18 所示的互锁机构相同。

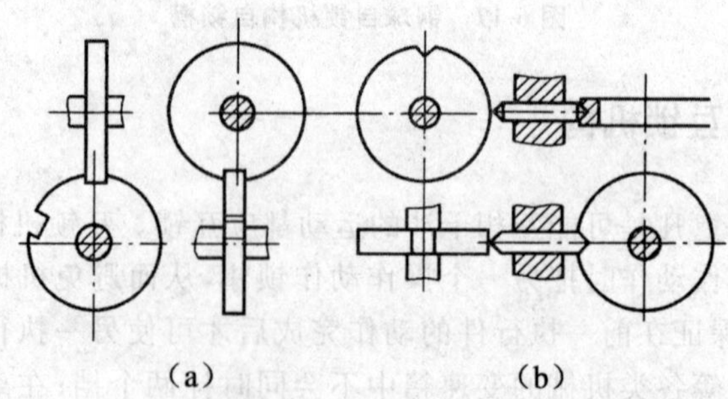

图 6-19　两垂直轴旋转运动间的互锁机构

6.4.3.2 直线运动间互锁

图 6-20 为两直线运动间的互锁机构。图 6-20(a)为两轴上环形槽相对时为原始位置,即可移动其中任意的一根轴。当移动其中一根轴时,钢球被推入另一根轴上的环形槽内,使该轴被锁住。图 6-20(b)为两轴间通过圆盘互锁,当圆盘上的缺口对准某一轴时,该轴可以轴向移动,另一轴被圆盘锁住。

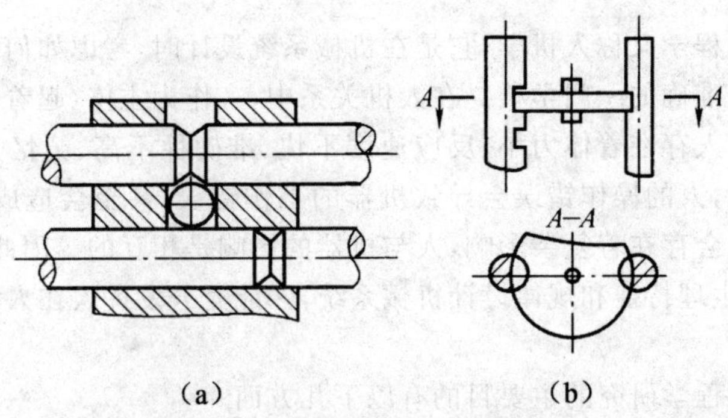

图 6-20 两直线运动间的互锁机构

6.4.3.3 直线运动与旋转运动间互锁

图 6-21 为直线运动与旋转运动间的互锁机构。图 6-21(a)为两轴互相平行时的互锁机构,挡板对准移动轴上的槽口时,右边轴才能转动,这时左边的轴被锁住。图示位置为右边轴被锁住,而左边轴能移动的情况。当两轴互相垂直时,可用图 6-21(b)所示的互锁机构。

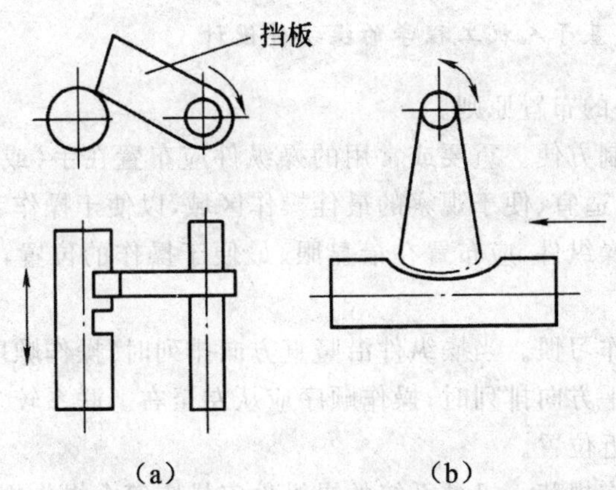

图 6-21 直线运动与旋转运动间的互锁机构

6.5 机械系统设计中的人机工程学及造型设计

6.5.1 机械系统设计中的人机工程学

6.5.1.1 人机工程学概述

人机工程学又称人机学，它是在机械系统设计时，考虑如何使人获得操作简便而又准确的一门学科。在人机关系中，人作为主体，起着决定性的作用。但由于人存在着体力小、反应速度不快、准确性不高、记忆力有限和易疲劳等弱点，人的操作错误会导致机器的工作错误，甚至会造成严重后果。机器对人也会存在着复杂影响，人与机器的影响是相互的。因此，只有依据人的心理、生理特征和规律设计机械系统，才能充分发挥人在人机关系中的主导作用。

人机工程学研究的主要目的有以下几方面。

①机械系统设计必须考虑人的生理、心理等各方面因素。

②使机械系统的操作简便、省力和准确。

③使操作者的工作环境安全和舒适，以减轻操作者的疲劳。

④获得最高的工作效率。

人机工程学设计的主要内容包括设计时要考虑的人体尺寸、动作特点、感觉器官要求、人体力学要求、美学要求（形状、尺寸、颜色等）和习惯要求等。下面将简要介绍与操纵控制有关的知识内容。

6.5.1.2 基于人机工程学的操纵件设计

(1)操纵件的布置原则。

①操纵控制方便。重要或常用的操纵件应布置在手（或脚）动作灵活、反应灵敏、用力适宜、便于观察的最佳操作区域，以便于操作者的操纵控制。对于紧急停车操纵件，应布置在最显眼、最便于操作的位置，并与其他操纵件分开布置。

②适应操作习惯。当操纵件沿竖直方向排列时，操作顺序应从上到下；当操纵件沿水平方向排列时，操作顺序应从左至右。联系较多的操纵件，应尽量安排在邻近位置。

③符合操作规范。机械系统的操纵件安排应符合操作规范的要求。如扳动开关、按钮、滑杆等均以前与后（或左与右，或上与下）分别表示接通与

关闭(或增大与减少)。又如旋转操纵件,是以顺时针方向表示增大,逆时针方向表示减少等。

④避免操作干扰。为避免操作干扰,防止发生误操作的现象,各操纵件之间应保持一定的距离。

(2)旋转式操纵件设计。

旋转式操纵件是操纵机构中常用的操纵件形式,主要有旋钮、手轮、摇把、十字把和舵轮等,见图 6-22。下面简要介绍旋钮、手轮和摇把的设计。

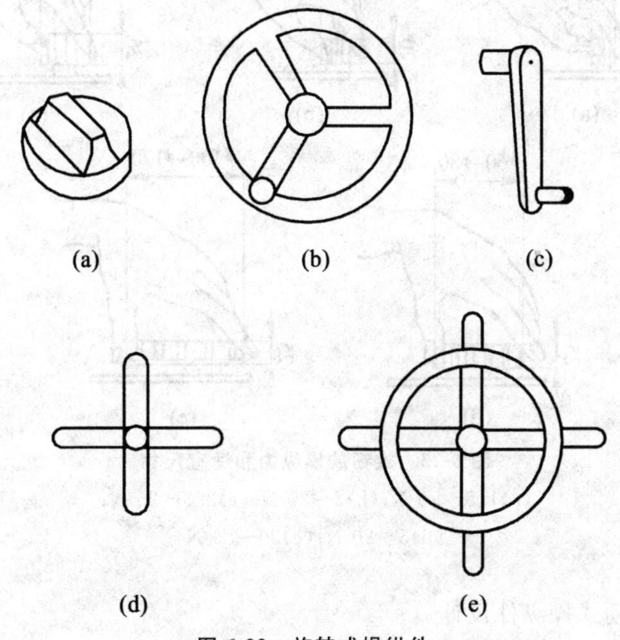

图 6-22　旋转式操纵件

(a)旋钮;(b)手轮;(c)摇把;(d)十字把;(e)舵轮

①旋钮设计。旋钮的旋转可以超过 360°,也可以在 360°以内,依据旋钮的工作特征可分为普通调节旋钮和精细调节旋钮两种。普通调节旋钮对于旋转角度没有严格的要求;而精细调节旋钮上有指示刻度等重要位置信息,对旋转角度有严格的要求或限制。精细调节旋钮的阻力必须大小适当,动作柔和,这样才能做到准确、细微的调节。图 6-23 给出了不同操纵力下精细调节旋钮的高度尺寸和直径范围。

②手轮和摇把设计。手轮和摇把均可以做连续旋转,适用于多圈回转的操纵场合。根据操纵场合和旋转扭矩的不同,手轮和摇把的直径有很大差别。例如,中型机床上小手轮的旋转直径一般为 60～120 mm,而汽车的方向盘的直径通常超过 320 mm。手轮和摇把的旋转直径一般为 100～

630 mm,把手的直径通常为 16～40 mm。在设计时,可以根据把手上作用的手臂操纵力来确定手轮或摇把的旋转直径。手轮的外径具有标准数列,分别为 100 mm、125 mm、160 mm、200 mm、250 mm、320 mm、400 mm、500 mm 和 630 mm,手轮的其他尺寸可查阅相关设计手册。

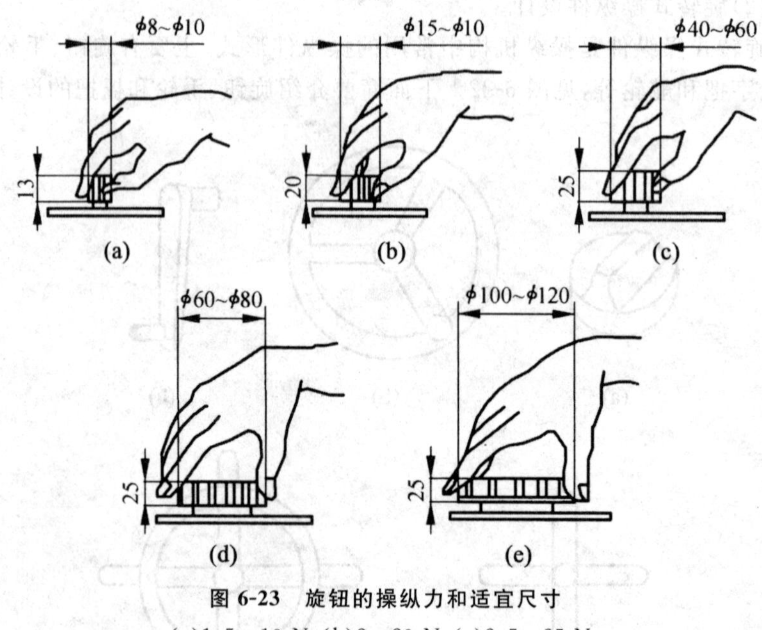

图 6-23 旋钮的操纵力和适宜尺寸

(a)1.5～10 N;(b)2～20 N;(c)2.5～25 N;(d)5～20 N;(e)30～50 N

(3)移动式操纵件设计。

移动式操纵件也是操纵机构中常用的操纵件形式,主要有手柄、操纵杆、推手、按钮和按键等。其中,手柄和操纵杆是操纵机构中常用的操纵件,其结构如图 6-24 所示。手柄和操纵杆都有执握柄和杠杆,设计时可以通过调整杠杆的长度使操纵力控制在允许的范围内,满足操纵控制要求。

在考虑执握柄的形状和尺寸时,应符合人手的生理结构特点,满足手握舒适、施力方便、不产生滑动的要求。执握柄的形状和尺寸应按手的结构特征设计。

图 6-25 所示为人手结构和执握手柄示意。在设计时,要防止执握柄形状丝毫不差的贴合于手的握持部分,尤其是不能紧贴掌心。手柄的着力方向和振动方向不能集中于掌心或骨间肌,如果掌心和骨间肌长期受压受震,则会引起难以治愈的痉挛,至少易引起疲劳和操纵不准确。执握柄的形状应与掌心处留有一定的空隙,以减少掌心和骨间肌受到的压力作用。图

6-25(a)、图 6-25(b)和图 6-25(c)三种执握柄的形式较好,而图 6-25(d)、图 6-25(e)和图 6-25(f)三种形式与掌心贴合面较大,只适合于作瞬间操纵和受力不大的执握柄。

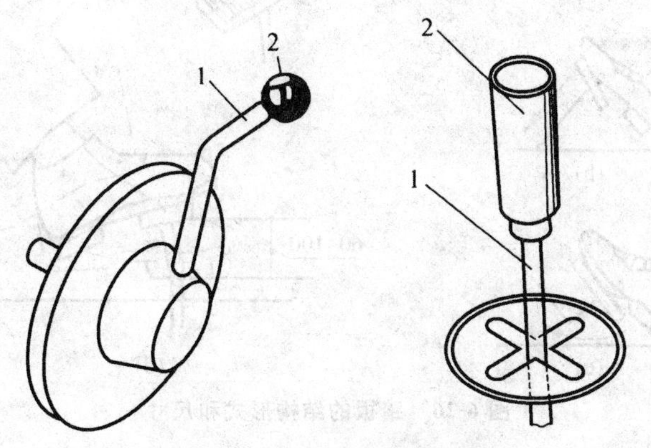

图 6-24 手柄和操纵杆结构

1—杠杆;2—执握柄

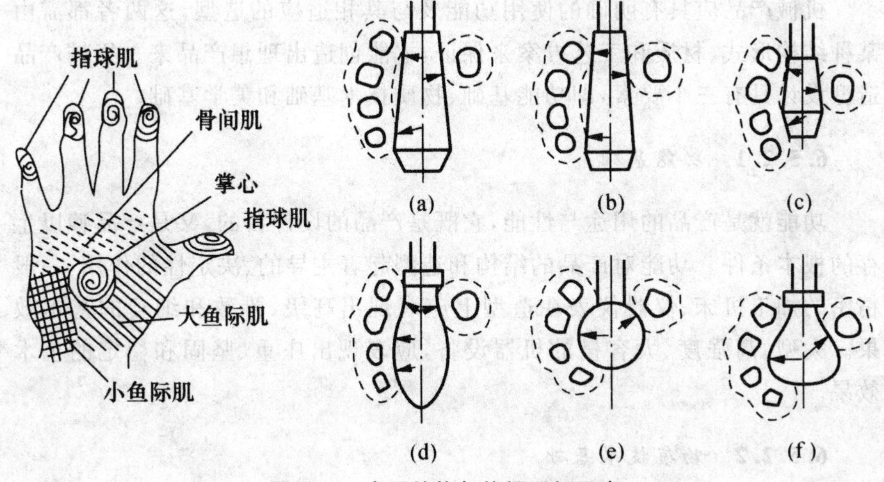

图 6-25 人手结构与执握手柄示意

(4)脚动操纵件设计。

脚动操纵件多为坐姿操作,操作者坐姿用脚操纵过程中,脚往往是放在脚踏板上,为了防止误操作或无意踏动,脚踏板应设计有启动阻力。为便于脚施力,操纵踏板多采用矩形和椭圆形平面板,而脚踏钮可以设计成矩形或圆形。脚踏板和脚踏钮的表面应设计齿状条纹,用于避免脚在操纵用力时滑脱。图 6-26 所示是几种常见脚踏板和脚踏钮的结构形式和尺寸,供设计者参考。

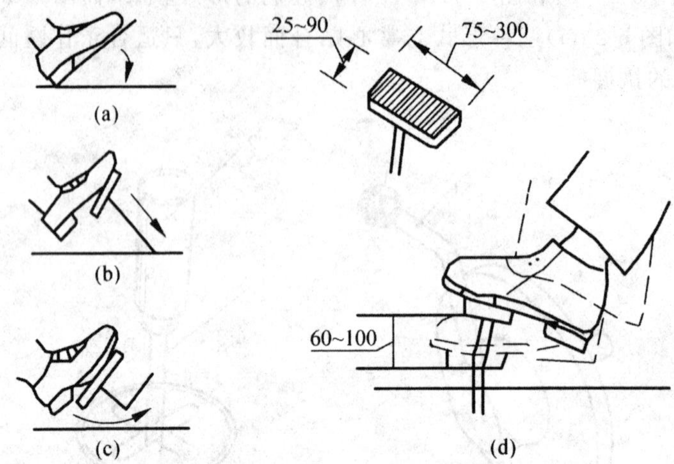

图 6-26　踏板的结构形式和尺寸

6.5.2　机械系统设计中造型设计

机械产品应具有明确的使用功能及与其相适应的造型,这两者都需由某种结构形式、材质和工艺方案来保证,才能创造出理想产品来。机械产品造型设计具有三个要素,即功能基础、物质技术基础和美学基础。

6.5.2.1　功能基础

功能就是产品的用途与性能,它既是产品的设计目的,又是产品赖以生存的根本条件。功能对产品的结构和造型起着主导的、决定性的作用,一般精密的加工机床、仪器仪表在造型上应表现出高级、雅致和细巧的艺术效果。大型、高强度、大容量的机器设备,应表现出庄重、坚固和稳定的艺术效果。

6.5.2.2　物质技术基础

物质技术基础是体现产品功能的保证,其中包括结构、材料、工艺、配件的选择,生产过程的管理以及采用合理的经济性条件。

产品的结构方式是体现功能的具体手段,是实现功能的核心因素,在考虑结构的同时需考虑所用的材料与加工工艺方法。不同的材料有不同的物理、化学、力学性能,以及与其性能相适应的成形工艺,并具有不同的外观质量、肌理效果。其他如生产管理好坏、经济上的合理性以及配件的选用等,也会直接影响产品的造型效果。

6.5.2.3 美学基础

机械产品的审美功能要求产品的形象有优美的形态,给人以美的享受。设计者根据形式法则、时代特征、民族风格,通过点、线、面、空间、色彩、肌理等一系列的要素,构成形象,产生审美价值。人们的审美观在诸多因素影响下,总是在不断发展变化的,所以机械产品造型设计要不断地总结经验,了解和掌握科学技术、文化艺术发展的趋向,寻求正确的审美观,灵活运用美学法则,深入研究形态构成、线型组织、色彩配置等造型理论、基本规律及方法,才能创造出有特色的产品形象。图6-27所示的两种不同时代的汽车造型就充分表明了这一点。

(a)

(b)

图6-27 汽车的造型

(a)老式汽车;(b)采用曲线造型的轿车

机械产品种类繁多,其大小、用途和复杂程度相差很大。所以,各种产品的造型设计程序也不尽相同。但一般来说,大致可分为五个设计阶段,即设计规划阶段、设计构想阶段、方案设计阶段、深入设计阶段和施工设计阶段。当然这种阶段的划分并不是绝对的，有时各个阶段会相互交错，有时需要重新返回上一阶段，反复循环进行，才能完成整个设计过程。目前，随着计算机的三维图形处理能力的不断增强，计算机辅助造型设计成为机械产品造型设计的主要手段。图 6-28 给出了计算机辅助造型设计涉及的内容。

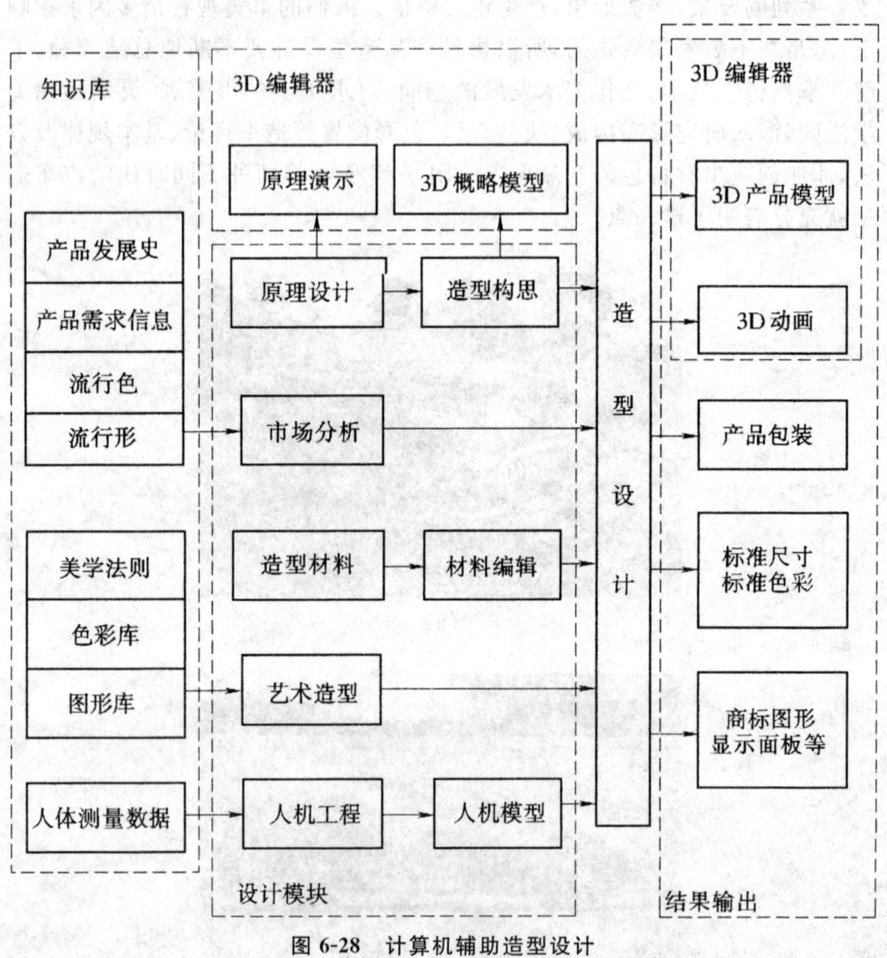

图 6-28 计算机辅助造型设计

6.6 操纵系统设计实例

例 6-1 设计一种经常接合式摩擦片离合器的脚踏板机械操纵机构。

(1)原理方案设计。

根据题意要求，离合器接合采用弹簧压紧，分离操纵机构采用平面四杆机构。其工作原理是：离合器靠压紧弹簧 2 产生的压紧力 F_n。将带摩擦面的从动盘 4 夹紧在压盘 3 和主动盘 5 之间，从而借助摩擦力将输入到主动盘 5 上的动力经从动盘 4 传到输出轴 10 上。若要切断动力，脚踏踏板 8，通过中间拉杆 9 及杠杆使滑盘左移，再经杠杆 7 使拉杆 6 右移压紧弹簧 2，使主动盘 5、从动盘 4 和压盘 3 分离。当撤去脚踏力，弹簧 1 使脚踏板回位，弹簧 2 使离合器接合，如图 6-29 所示。

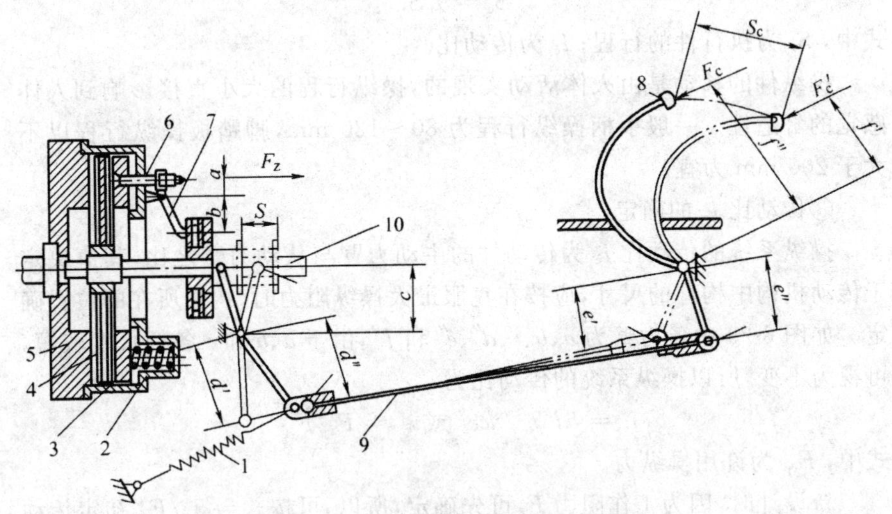

图 6-29　摩擦离合器脚踏板机械操纵机构

1—回拉弹簧；2—压紧弹簧；3—压盘；4—从动盘；5—主动盘；
6—分离拉杆；7—分离杠杆；8—踏板；9—中间拉杆；10—输出轴

(2)初步确定主要的几何尺寸。

因本题未提出具体的要求，故在图 6-29 中用符号标出操纵机构的主要几何尺寸及它们之间的关系。

(3)确定主要的设计参数。

此操纵机构的主要设计参数有操纵力、操纵行程和传动比。

①操纵力 F_c 的确定。

操纵力 F_c 是操作者施加给操纵件的最大作用力，取决于执行件的工作阻力 F_z、操纵系统的传动比 i_c 和操纵系统的传动效率 η。操纵力 F_c 可由下式计算

$$F_c = F_z/\eta i_c$$

操作系统的传动效率一般取 0.7～0.8。

此操纵机构的工作阻力包括弹簧 2 的压紧力 F_n 和离合器分离时弹簧 2 继续被压缩时弹簧力 ΔF_n，所以执行件的工作阻力为

$$F_z = F_n + \Delta F_n = F_n + K\Delta\lambda = F_n + FZ\Delta S$$

式中，K 为弹簧刚度；$\Delta\lambda$ 为附加变形；Z 为离合器的摩擦面对数；ΔS 为离合器各摩擦面间应保持的间隙。

②操纵行程 S_c 的确定。

操纵行程是指执行件从初始位置到完成操纵的终了位置，操纵件所走过的位移。操纵行程 S_c 可由下式计算

$$S_c = i_c S_z$$

式中，S_z 为执行件的行程；i_c 为传动比。

操纵件的移动是由人体活动实现的，操纵行程的大小直接影响到人体感觉的舒适性。一般手柄操纵行程为 80～120 mm，脚踏板操纵行程以不大于 200 mm 为宜。

③传动比 i_c 的确定。

操纵系统的传动比 i_c 为传动件的主动力臂与从动力臂之比，其值决定于传动机构中构件的尺寸，应按在克服最大操纵阻力时，构件所在的位置确定。如图 6-29 中各力臂为 a、b、c、d''、e'' 和 f''。由于 a、b 和 c 各杆长度较短，可视为不变，所以操纵系统的传动比为

$$i_c = bd''f''/ace'' \text{ 或 } i_c = F_z/F_{cp}$$

式中，F_{cp} 为许用操纵力。

新设计时，因为工作阻力 F_z 可先确定，所以，可按 $i_c = F_z/F_{cp}$ 初定传动比。按此传动比确定各传动杆尺寸，进行结构设计。然后根据结构尺寸精确计算传动比 i_c，并验算操纵力 F_c。若超过推荐值，则应调整传动件的尺寸。

在确定传动比 i_c 时，要考虑操纵力和操纵行程两个方面的问题。当工作阻力 F_z 一定时，i_c 大则 F_c 小，操纵就省力；当执行件行程 S_z 一定时，i_c 大则 S_c 大，操纵行程大易使操作者疲劳。

例 6-2 车辆用液压助力转向操纵机构的设计分析与计算。

(1)设计原理及要求。

液压助力转向操纵机构的传动简图如图 6-30 所示。它的组成包括机械转向器、转向传动机构、油泵、油缸、控制调节装置(包括转向阀、安全阀、流量控制阀等)和辅助装置(包括油箱、管路、滤油器等)。图中的转向阀 7 处于中间位置，从油泵来的油经间隙 Δ_2 和 Δ_5 直接流回油箱，车辆直线行驶，这时油路阻力和油泵负荷都很小。下面讨论液压助力转向操纵机构的设计要求及工作原理。

①具有伺服作用，导向轮的偏转角与转向盘的转角成比例。

设转向盘及与之相连的转向阀 7 和转向螺杆 11 沿图示实线箭头方向

转动。由于导向轮受转向阻力矩暂不偏转，转向螺母 12 也暂时不动，故转向螺杆 11 连同转向阀 7 左移，间隙 Δ_2 和 Δ_4 减小，节流阻力增加。来自油泵的油经增大的间隙 Δ_3 流向油缸右腔，推动活塞左移，通过转向垂臂 14 和纵拉杆 13 带动导向轮偏转。

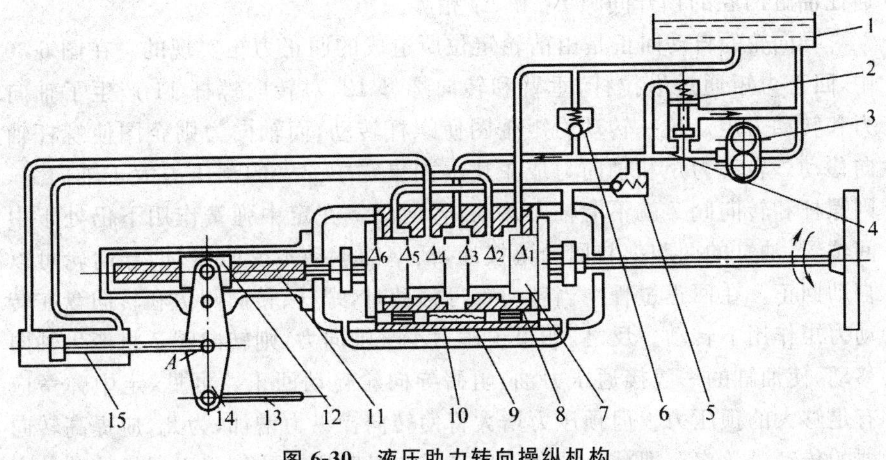

图 6-30　液压助力转向操纵机构

1—油箱；2—流量控制阀；3—油泵；4—油管；5—单向阀；6—安全阀；
7—转向阀；8—反作用阀；9—转向阀体；10—定中弹簧；11—转向螺杆；
12—转向螺母；13—纵拉杆；14—转向垂臂；15—油缸

随着活塞左移和垂臂绕支点 A 转动，又带动转向阀 7 右移，使间隙 Δ_2 和 Δ_4 重又变大。当 Δ_2 和 Δ_4 增至某一程度时，油缸右腔的油压力将与导向轮偏转而传至活塞上的阻力相平衡，活塞左移停止，车辆以一定的半径稳定转向。如果要继续使导向轮偏转，则需再转动转向盘，重复上述过程并达到新的平衡。可见，转向阀 7 的移动是一个信号，它使活塞移动，而活塞的移动又反馈给转向阀，使活塞移过一定距离就停止了。因此，导向轮的偏转与转向盘的转动存在着一定的比例关系，即具有伺服作用。

②转向可靠，且液压失效时能以人力实现机械式操纵。

为了可靠工作，所有零部件应具有足够的强度。同时设有安全阀 6，以限制系统的最大压力，防止系统过载。在液压失效时，如沿图 6-30 所示实线箭头方向转动转向盘，使转向阀 7 左移并消除间隙 Δ_1 后，再继续转动转向盘，则转向螺母 12 便右移并驱使导向轮偏转。此时油缸左腔的油经间隙 Δ_5，推开单向阀 5，再经间隙 Δ_3 流向油缸右腔。单向阀 5 的弹簧压力很小，它装在转向阀的进油路和回油路之间，在转向盘转向时因其背面受压而始终关闭，人力转向时它允许油缸一腔的油受挤压后流向油缸另一腔。

③保证直线行驶，允许导向轮自动回正。

直线行驶时，为防止转向阀因振动产生位移而自行助力转向，设有自动定中装置。如图 6-30 中的定中弹簧 10，它使转向阀 7 自动处于中间位置，通往油缸两腔的预开间隙 Δ_3 和 Δ_4 相等。

导向轮的自动回正是由前轮定位所造成的回正力矩实现的。在图 6-30 中，回正力矩通过纵拉杆、垂臂和转向螺母 12，对转向螺杆 11 产生了轴向力和转动力矩。这一转动力矩企图使螺杆转动，而轴向力则企图使螺杆轴向移动。转动力矩和轴向力成正比。如果定中弹簧的预压力大于轴向力，则螺杆和转向阀 7 就不能轴向移动，转向阀 7 在定中弹簧作用下仍处于中间位置，油缸的两腔都与回油道接通，活塞的运动不受阻碍，即导向轮可以自动回正。在回正过程中当转向螺母移动时，螺杆、转向阀 7 和转向盘在转动力矩作用下转动。反之，如果预压力小于轴向力，则转向阀 7 将产生轴向移动，使油缸的一腔接通压力油，阻碍导向轮自动回正。可见，定中弹簧应有足够大的预压力。但预压力增大将使转向操纵力增加，为此，应提高转向器的传动逆效率。即减小导向轮反带转向盘时所需的作用于螺杆的转动力矩，相应的轴向分力也随之减小了。这样，定中弹簧不需要很大的预压力就可阻止转向阀 7 的轴向位移，实现自动回正。这就是逆效率高的循环球式转向器在液压助力转向机构中被广泛采用的原因。

④操纵轻便，转向灵敏。

助力转向时转向盘操纵力一般为 5～25 N。应选用传动正效率和逆效率都较高的机械转向器。逆效率高可减小定中弹簧的预压力，从而减小助力转向时的操纵力；正效率高有利于液压失效时的人力操纵。

为使转向灵敏，油泵应有足够的流量。当发动机低速稳定工作时，一般要求在 2～4 s 内（转向盘转过 2.5～5 圈），油泵的供油量能使活塞由一端移到另一端。如果油泵流量不足，导向轮的偏转就会相对转向盘的转动出现明显的滞后，驾驶员会感到转向操纵沉重。但流量过大会使转向过于灵敏，操纵转向盘有“发飘”的感觉。为防止发动机高转速时系统流量过大，设有流量控制阀 2 以限制进入转向阀 7 的最大流量，当流量过大时使多余的油经该阀返回油箱。

转向灵敏还要求转向盘空行程小，导向轮偏转相对于转向盘转动的滞后时间短。一般要求转向阀消除预开隙（图 6-30 中的 Δ_2 和 Δ_5）所对应的转向盘转角不大于 5°，走过总移动量（图 6-30 中的 Δ_1 和 Δ_6）所对应的转向盘转角不大于 20°。此外，转向阀与转向轴最好是直接连在一起，不再经过其他传动环节，从转向阀到油缸之间的管路也要尽可能缩短。

⑤最好能具有“地面感觉”。

导向轮所受转向阻力矩的大小最好能反映到转向盘上，使驾驶员能感觉出地面情况。在图 6-30 中，两个反作用阀 8 之间的空腔内总是充满压力油的。转向时要移动转向阀 7，就必须克服反作用阀 8 上的油压力。转向阻力矩越大油压越高，则转向盘上必须施加更大的手力才能使转向阀 7 移动，这样驾驶员可通过感知油压的大小而间接感知转向阻力矩的大小。地面感觉对车速高、行驶路途长的车辆是很重要的。

(2)液压助力转向机构的结构与布置。

按转向器、转向阀和油缸的相互位置，其结构分为整体式和分开式两种。

①整体式。

这种结构形式的转向器、转向阀和油缸在同一壳体内，如图 6-31 所示。其优点是结构紧凑，重量轻；不必用软管；转向轴与转向阀直接相连，且转向阀与油缸之间的管路较短，灵敏性好；当把车辆设计成既可装机械转向系，又可装液压助力转向系供用户选用时，其互换方便。主要缺点是很难选用

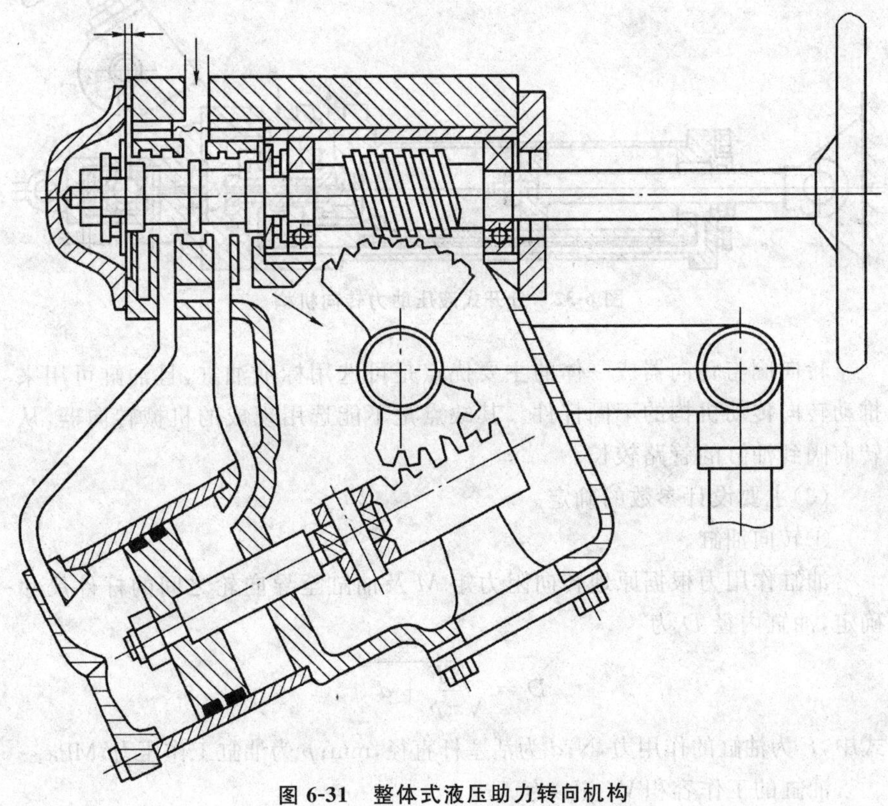

图 6-31　整体式液压助力转向机构

标准化部件，油缸的布置也受到一定的限制。此外，转向传动机构的所有杆件和转向器都承受油缸的载荷和来自地面的冲击力。

②分开式。

这种结构形式的油缸与转向器分开设置。转向阀或与油缸成一体，或与转向器成一体。分开式的转向器零件不受油缸载荷的作用，但油路比整体式复杂。

图 6-32 为转向阀与油缸成一体的液压助力转向机构的结构简图。这种结构的主要优点是可选用现成的机械转向器，且不必用软管。缺点是很难选用标准油缸，且油缸的布置受限。图 6-32 中活塞杆固定在机架上，处于另一端的油缸及转向阀体与纵拉杆铰接。操纵转向盘移动转向阀实现助力转向，而油缸及转向阀体在推动纵拉杆的过程中实现反馈。图 6-32 所示结构的突出特点是可方便地加装助力系统，而原有的机械转向器和转向传动机构基本不变。但该系统没有“地面感觉”。

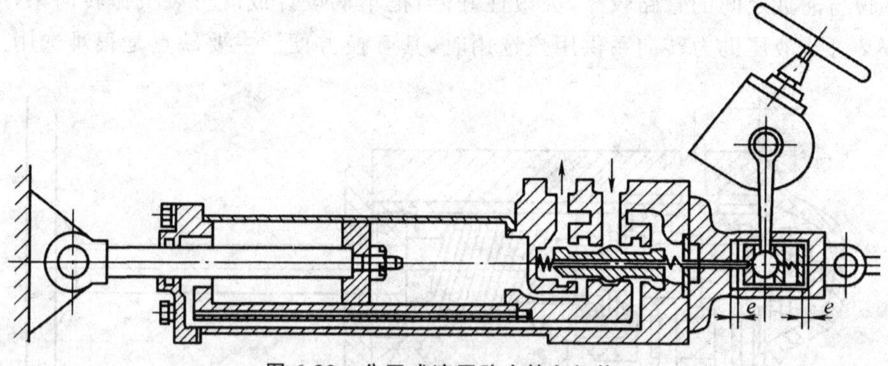

图 6-32　分开式液压助力转向机构

转向阀与转向器成一体的主要优点是可选用标准油缸，且油缸可用来推动转向传动机构的不同杆件。其缺点是不能选用现成的机械转向器，从转向阀到油缸的管路较长。

(3)主要设计参数的确定。

①转向油缸。

油缸作用力根据原地转向阻力矩 M 及油缸至导向轮之间的杆件尺寸确定，油缸内径 D 为

$$D=\sqrt{\frac{4F}{\pi p}+d^2}$$

式中，F 为油缸的作用力，N；d 为活塞杆直径，mm；p 为油缸工作压力，MPa。

油缸的工作容积 V(mL)为

$$V=\frac{\pi}{4}D^2S\times10^{-3}$$

式中，S 为油缸工作行程，即导向轮由一个极限位置转至另一极限位置的油缸行程，单位为 mm。

油缸内腔全长除满足工作行程外，还应使活塞在运动的极限位置时与缸盖留有间隙 l_1（一般 $l_1=10$ mm）。活塞杆伸出至极限位置时，为改善活塞的导向留有间隙 l_2（一般 $l_2=0.5\sim0.6D$），活塞厚度 H 可取 $0.3D$ 左右，详见图 6-33。

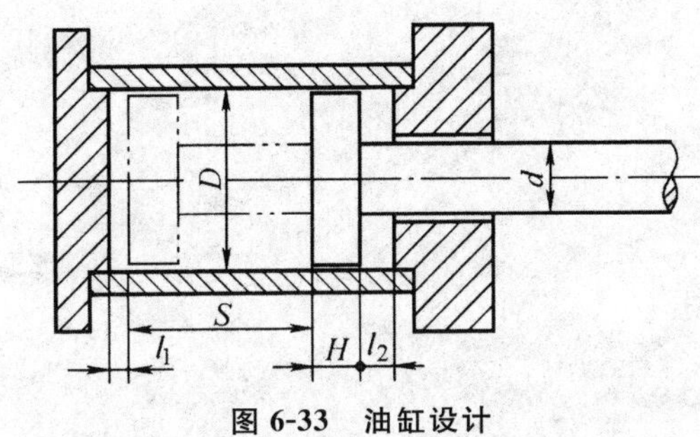

图 6-33　油缸设计

②转向油泵。

油泵理论流量 Q_B(L/min)为

$$Q_B=\frac{60V}{\eta_v t}\times10^{-3}$$

式中，t 为油缸完成工作行程 S 所需的时间（一般 $t=2\sim4$ s）；η_v 为系统的容积效率（一般 $\eta_v=0.85$）。

油泵的排量 q_B(mL/r)为

$$q_B=\frac{Q_B}{n_B}\times10^3$$

式中，n_B 为发动机最低稳定转速（一般取为标定转速的 0.6～0.7 倍）时的转向油泵转速，单位为 r/min。

③其他液压元件。

流量限制阀的限制流量 Q_y 取为发动机最低稳定转速时油泵流量的 1.3～1.5 倍。液流通过转向阀间隙的常流速度 v_F 为

$$v_F=\frac{Q_y\times10^3}{2\pi d_F e_1\times60}$$

式中，Q_y 为流量限制阀的限制流量，L/min；d_F 为转向阀的直径，mm；e_1 为转向阀的预开隙，一般 $e_1=0.15\sim0.20$ mm。

多数转向阀的 v_F 为 3～6 m/s。液流在管道中的流速为：油泵吸入管

为 1.0～1.5 m/s；油泵出油管为 2.5～3.5 m/s；短管或局部收缩处为 5.0～5.5 m/s。油箱容积不小于 0.15～0.20Q_y(L)。

此外，还有在工程机械、拖拉机和农业机械上广泛采用的静液压转向机构。与液压助力转向机构相比，静液压转向机构省去了机械转向器。它是由转向盘控制转阀式液压转向器，因而结构紧凑，便于布置，总的成本较低。其主要缺点是内部泄漏的可能性大，导致转向灵敏性明显下降并影响直线行驶性，因此为了减少油液的内漏，要求加工精度高。此外，这种系统一般“地面感觉”较差。

第7章　控制系统设计

在早期的机械系统中,操作者的技术水平对机械系统的工作质量起着决定性作用。随着科学技术的发展,机械系统的自动化程度不断提高,操作者的某些作用已逐渐被控制系统所取代,控制系统在机械系统中发挥着越来越重要的作用。

7.1　控制系统概述

7.1.1　控制系统的任务

机械系统在工作过程中,各执行机构应根据生产要求,以一定的顺序和规律运动。各执行机构运动的开始、结束及其顺序一般由控制系统保证。早期机械系统中,人作为控制系统的一个关键环节起着决定作用。随着科学技术的发展,控制系统自动化程度的提高,在一些控制系统中,人的作用被某些控制装置所取代,从而形成了自动控制系统,本书述及的控制系统是指自动控制系统。

自动控制系统是指由控制装置和被控对象所构成的,能够对被控对象的工作状态进行自动控制的系统。机械系统控制的主要任务通常包括:

①使各执行机构按一定的顺序和规律运动。

②改变各运动构件的运动方向和速度大小。

③使各运动构件间有协调的动作,完成给定的作业环节要求。

④对产品进行检测、分类以及防止事故,对工作中出现的不正常现象及时报警并消除。

7.1.2　控制系统的组成

无论多么复杂的控制系统,都是由一些基本环节或元件组成的,图7-1是一个典型的闭环控制系统方框图,它由以下几个环节组成。

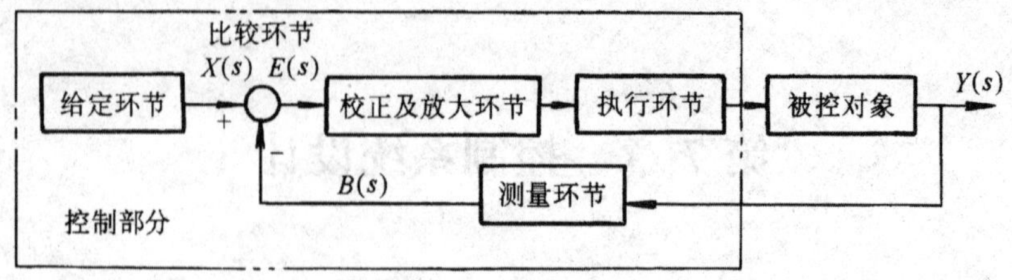

图 7-1　典型的闭环控制系统方框图

(1)给定环节。

给定环节是给出与反馈信号同样形式和因次的控制信号，确定被控对象“目标值”的环节。给定环节的物理特性决定了给出的信号可以是电量、非电量，也可以是数字量或模拟量。

(2)测量环节。

测量环节用于测量被控变量，并将被控变量转换为便于传送的另一物理量(一般为电量)的环节。如电位计可将机械转角转换为电压信号，测速发电机可将转速转换为电压信号，光栅测量装置可将直线位移转换为数字信号，这些都可作为控制系统的测量环节。测量环节一般是一个非电量的电测量环节。

(3)比较环节。

比较环节是将输入信号 $X(s)$ 与测量环节发出的有关被控变量 $Y(s)$ 的反馈量信号 $B(s)$ 进行比较的环节。经比较后得到一个小功率的偏差信号 $E(s)=X(s)-B(s)$，如幅值偏差、相位偏差、位移偏差等。如果 $X(s)$ 与 $B(s)$ 都是电压信号，则比较环节就是一个电压相减环节。

(4)校正及放大环节。

为了实现控制，要将偏差信号作必要的校正，然后进行功率放大以便推动执行环节。实现上述功能的环节即为校正及放大环节。常用的放大类型有电流放大、电气—液压放大等。

(5)执行环节。

执行环节是接收放大环节的控制信号，驱动被控对象按照预期规律运动的环节。执行环节一般是能将外部能量传送给被控对象的有源功率放大装置，工作中要进行能量转换，如把电能通过电机转换成机械能，驱动被控对象作机械运动。

7.2　常用控制方式的原理及特性

控制系统的控制作用由控制器实现。工业控制器按其输入和输出的关系可分为:比例控制器、积分控制器、比例积分控制器、微分控制器、比例微分控制器等,大多数工业控制器应用电或加压流体(如油液或压缩空气)传递能量。因此,也可以按照能量传递方式分为:电子式、液压式等。为了选择适当的控制器,应该了解各种控制器的基本特性。下面简单介绍各种控制器的工作原理及特性。

7.2.1　比例控制器

比例控制器的输出量以一定的比例复现输入量,毫无失真和时间滞后。其输出 $y(t)$ 与输入 $x(t)$ 之间满足关系

$$y(t) = Kx(t)$$

其传递函数为

$$G(s) = \frac{Y(s)}{X(s)} = K$$

式中,$Y(s)$ 为输出量的拉氏变换;$X(s)$ 为输入量的拉氏变换;K 为比例常数或称增益。

例如,齿轮传动中,如果忽略啮合间隙、齿轮惯量、摩擦等,则主动齿轮与从动齿轮的转速之间关系为

$$z_2 n_2 = z_1 n_1$$

其传递函数为

$$G(s) = \frac{N_2(s)}{N_1(s)} = \frac{z_1}{z_2}$$

式中,z_1、n_1 分别为主动齿轮齿数和转速;z_2、n_2 分别为从动齿轮齿数和转速。

又如当忽略液压缸的泄漏、缸筒和油液的弹性,则输入液压缸的流量与液压缸的输出速度之间有如下关系(见图 7-2)。

$$Av = q$$

$$G(s) = \frac{V(s)}{Q(s)} = \frac{1}{A}$$

式中,v 为液压缸速度;A 为液压缸工作面积;q 为流量。

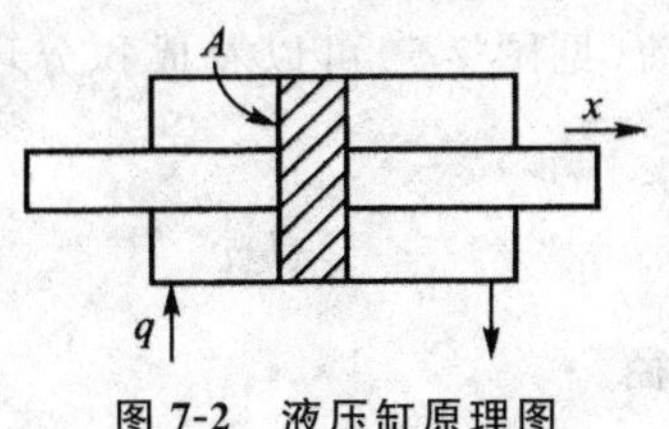

图 7-2　液压缸原理图

从以上两例可看出，比例控制器的特点是其传递函数为一常数。电子放大器、杠杆、齿轮等都可构成比例控制器。然而，纯粹的放大环节是极少见的，只有在忽略一些因素的前提下才能把某些部件看成比例控制器。其方框图如图 7-3 所示。

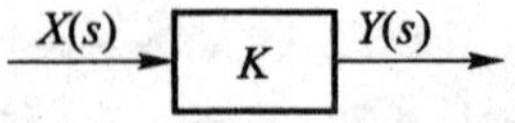

$$X(s) \rightarrow \boxed{K} \rightarrow Y(s)$$

图 7-3　比例控制器方框图

7.2.2　积分控制器

积分控制器的特点是输出 $y(t)$ 与输入 $x(t)$ 之间满足关系

$$y(t) = K_i \int_0^t x(t)\mathrm{d}t$$

传递函数为

$$G(s) = \frac{Y(s)}{X(s)} = \frac{K_i}{s}$$

液压缸与液压马达往往可以看成积分控制器。图 7-4 所示的液压缸在忽略油液变形及泄漏时，输入流量到输出位移的传递函数的关系为

$$\frac{\mathrm{d}x}{\mathrm{d}t} = \frac{q}{A}$$

式中，x 为输出位移；q 为输入流量。

传递函数为

$$G(s) = \frac{X(s)}{Q(s)} = \frac{1/A}{s}$$

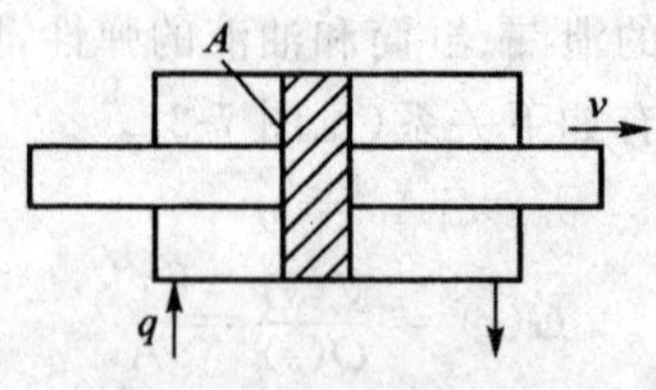

图 7-4　液压缸原理图

又如，齿轮齿条传动(见图 7-5)可以看成积分环节。齿条位移与齿轮转速的关系为

$$\frac{\mathrm{d}x}{\mathrm{d}t} = \pi D n$$

式中，D 为齿轮节圆直径。

传递函数为

$$G(s)=\frac{X(s)}{N(s)}=\frac{\pi D}{s}$$

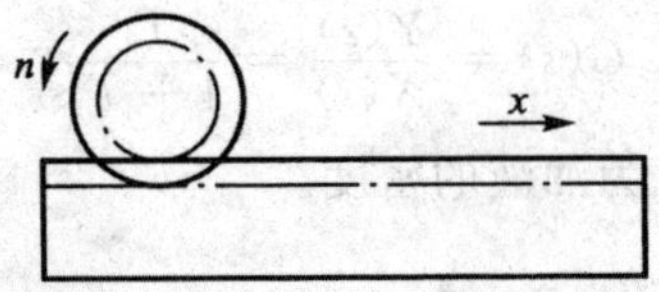

图 7-5　齿轮齿条传动示意图

在闭环控制系统中加入积分控制器的目的是减少稳态误差。开环传递函数具有一个积分控制器可以消除阶跃输入下的稳态误差，具有两个就可以消除恒速输入下的稳态误差，工程控制系统中，大部分只具有一个积分控制器；当具有两个积分控制器时，会降低系统的稳定性。积分控制器方框如图 7-6 所示。

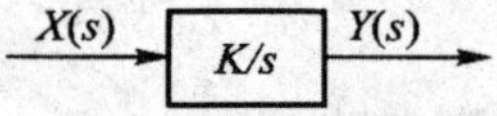

$X(s) \rightarrow$ [K/s] $\rightarrow Y(s)$

图 7-6　积分控制器方框图

7.2.3　微分控制器

微分控制器的特点是其输出根据输入信号的时间变化率而变化。其传递函数有几种形式，工程中常遇到的形式为

$$G(s)=s$$

其输出 $y(t)$ 与输入 $x(t)$ 之间关系为

$$y(t)=K_{\mathrm{d}}\frac{\mathrm{d}x(t)}{\mathrm{d}t}$$

7.2.4　惯性控制器

惯性控制器有低通滤波的特性，当输入频率大于转角频率时，其输出会很快衰减，即滤掉输入信号的高频部分。在低频段，输出能较准确地反映输入。其输出 $y(t)$ 与输入 $x(t)$ 之间关系为

$$y(t)+T\frac{\mathrm{d}x(t)}{\mathrm{d}t}=x(t)$$

其传递函数为

$$G(s)=\frac{1}{1+T_{\mathrm{s}}}$$

图 7-7 所示为机械阻尼器,其相当于一个具有惯性的微分控制器。当活塞作阶跃位移 x 时,油缸初始时刻位移与 x 相等,但在弹簧力作用下,y 最终趋于零。其传递函数为

$$G(s)=\frac{Y(s)}{X(s)}=\frac{T_1 s}{1+T_1 s}$$

式中,$T_1=RA^2\rho/K$,ρ 为油液的密度。

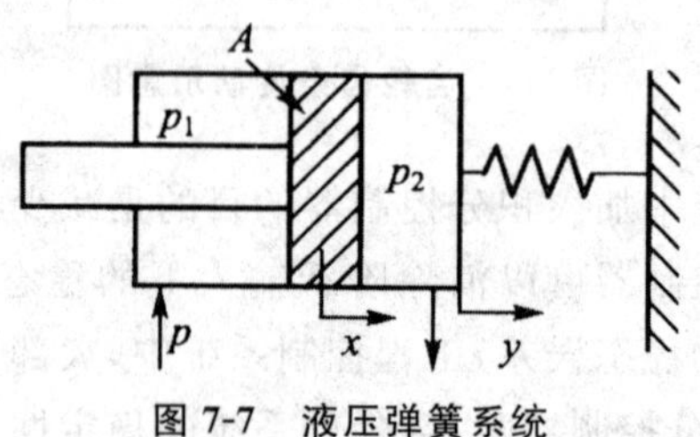

图 7-7　液压弹簧系统

工程控制系统中,常将比例、积分以及微分作用结合起来,形成复合控制以改进系统的品质。

所谓 PID,就是一种对偏差 $\varepsilon(t)$ 进行比例、积分和微分变换的控制规律,即

$$m(t)=K_p\left[\varepsilon(t)+\frac{1}{T_i}\int_0^t\varepsilon(t)+T_d\frac{d\varepsilon(t)}{dt}\right]$$

式中,$K_p\varepsilon(t)$ 为比例控制项,K_p 为比例系数;$\frac{1}{T_i}\int_0^t\varepsilon(t)$ 为积分控制项,$\frac{1}{T_i}$ 为积分时间常数;$T_d\frac{d\varepsilon(t)}{dt}$ 为微分控制项,T_d 为微分时间常数。

比例控制项与微分、积分控制项的不同组合可分别构成 PD(比例微分)、PI(比例积分)和 PID(比例积分微分)三种控制器。

(1)PD 控制器。

PD 控制器的结构框图如图 7-8 所示,其控制规律为

$$m(t)=K_p\left[\varepsilon(t)+\frac{1}{T_i}\int_0^t\varepsilon(t)\right]$$

其传递函数为

$$G(s)=\frac{M(s)}{E(s)}=K_p(1+T_d s)$$

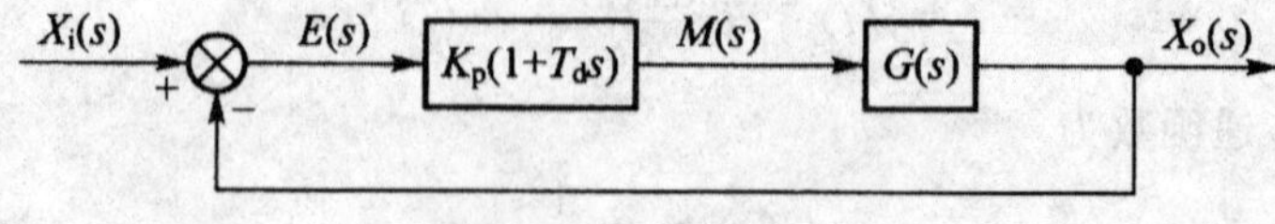

图 7-8　PD 控制器框图

PD控制器的作用是增加系统的稳定性，提高系统的快速性，PD控制器提高了系统的动态性能，但高频增益上升时，抗干扰的能力就会减弱。

(2)PI控制器。

PI控制器的控制结构框图如图7-9所示，其控制规律为

$$m(t)=K_{\mathrm{p}}\left[\varepsilon(t)+T_{\mathrm{d}}\frac{\mathrm{d}\varepsilon(t)}{\mathrm{d}t}\right]$$

其传递函数为

$$G(s)=\frac{M(s)}{E(s)}=K_{\mathrm{p}}\left(1+\frac{1}{T_{\mathrm{i}}s}\right)$$

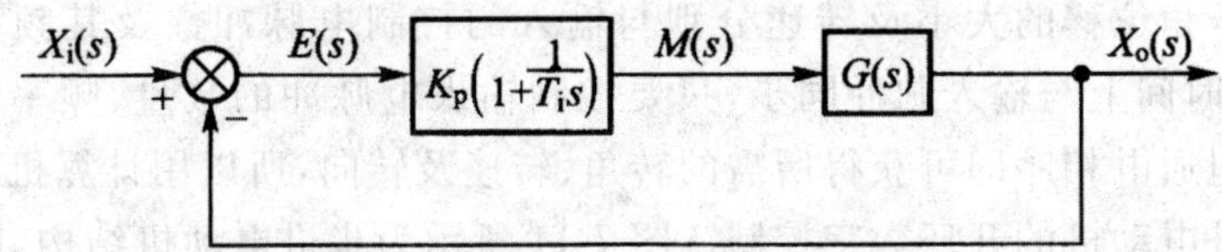

图7-9 PI控制器框图

PI控制器的作用是减少系统的稳态误差，但过度的PI调节可使系统的稳定程度变差。

(3)PID控制器。

PID控制器的控制结构框图如图7-10所示，其控制规律为

$$G(s)=\frac{M(s)}{E(s)}=K_{\mathrm{p}}\left(1+\frac{1}{T_{\mathrm{i}}s}+T_{\mathrm{d}}s\right)$$

PID控制器的作用是提高系统的稳定性，减少系统的稳态误差，提高系统的瞬态响应速度。准确地调整PID参数对系统的控制效果十分重要。

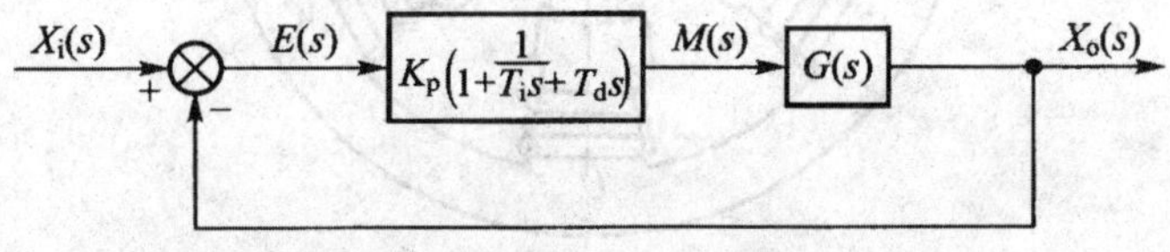

图7-10 PID控制器框图

7.3 控制电机和位置检测装置

7.3.1 控制电动机

在机械系统中，使用比较广泛的电动机有两大类，一类是动力用电动

机,如感应式异步电动机、同步电动机等;另一类是控制用电动机,如力矩电动机、步进电动机、开关磁阻电动机、变频调速电动机和各种交流或直流伺服电动机等。

目前,应用最广泛的控制电动机主要有步进电动机、直流伺服电动机和交流伺服电动机三种。

7.3.1.1 步进电动机

步进电动机是将电脉冲控制信号转换成机械角位移的执行件。在驱动电源的作用下,每接受一个电脉冲,步进电动机转子就转过一个相应的步距角。转子角位移的大小及转速分别与输入的控制电脉冲数及其频率成正比,并在时间上与输入脉冲同步,只要控制输入电脉冲的数量、频率以及电动机绕组通电相序即可获得所需的转角、转速及转向,所以用计算机很容易实现步进电动机的开环数字控制。图 7-11 所示为步进电动机结构,图 7-12 为步进电动机工作原理。其定子有六个均匀分布的磁极,每两个相对磁极组成一相,即有 *U-U*、*V-V*、*W-W* 三相,磁极上绕励磁绕组。

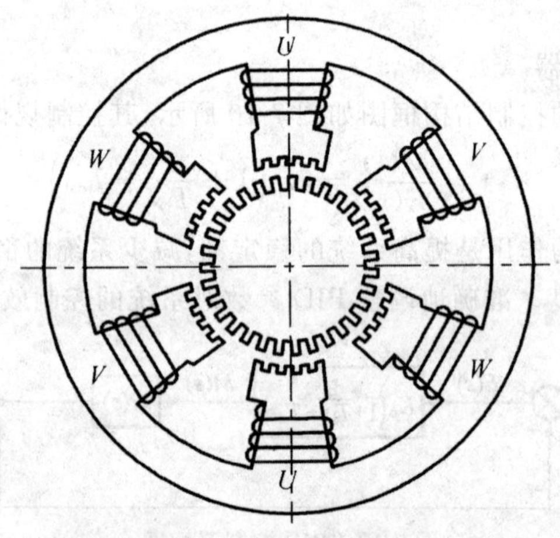

图 7-11 步进电动机结构

步进电动机的种类较多,按电磁转矩的产生原理可分为反应式、永磁式和混合式三大类。

(1)反应式步进电动机。

反应式步进电动机又称为磁阻式步进电动机,定子和转子磁路均由软磁材料制成。定子上有多相励磁绕组,利用磁导的变化产生转矩。这种电动机的相数一般为 3～6 相,绕组的排列型式可分为单段式径向磁路、多段式径向磁路和多段式轴向磁路。反应式步进电动机的主要特点是步距角小、断电时无定位转矩、单步振荡时间较长。

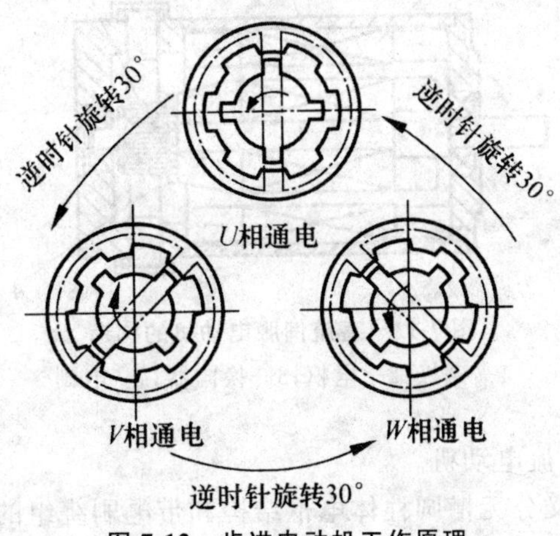

图 7-12　步进电动机工作原理

(2)永磁式步进电动机。

这类电动机的定子通常是由软磁材料制成的凸极形式，转子由永磁材料制成。绕组轮流通电，建立的磁场与永久磁钢的恒定磁场相互作用产生驱动转矩。励磁绕组可做成两相或多相，以两相励磁绕组居多。永磁式步进电动机的主要特点是步距角大，启动频率较低，控制功率小，单步振荡时间短，断电时具有一定的保持转矩。

(3)混合式步进电动机。

混合式步进电动机又称为永磁感应式步进电动机。这类电动机的转子上有磁钢，定子上有多相绕组，是反应式与永磁式步进电机的组合。混合式步进电动机的主要特点是步距角小，启动和运行频率高，断电时具有定位转矩，在工业控制中应用较多。

7.3.1.2　直流伺服电动机

直流伺服电动机的原理和结构与普通电机相似，都是由磁极(定子)、电枢(转子)、换向器和电刷等部分组成(见图 7-13)。电枢绕组中通入直流电流，在定子磁场的作用下产生电磁转矩，带动转子旋转。这种旋转要靠电刷对电枢绕组电流的不断换向来维持，通过控制电枢绕组中电流的大小和方向，即可控制直流伺服电动机的转速及转向。

直流伺服电动机主要包括小惯量直流电动机、永磁直流伺服电动机和无刷直流伺服电动机。

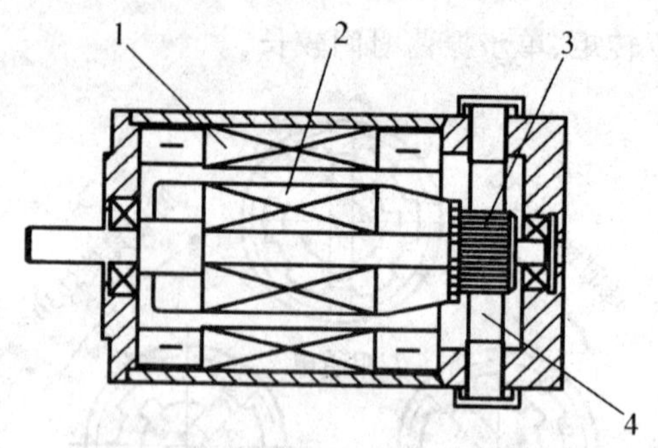

图 7-13 直流伺服电动机的构造

1—磁极；2—电枢；3—换向器；4—电刷

(1)小惯量直流电动机。

这类电动机又分无槽圆柱体电枢结构和带电刷绕组的盘形电枢结构两种。由于最大限度减少了电动机的电枢转动惯量，因此这类电机能获得很好的快速性，在早期的数控机械系统中应用较多，且至今仍有使用。

(2)永磁直流伺服电动机。

永磁直流伺服电动机也称为直流力矩电动机或大惯量宽调速直流伺服电动机，其定子采用永磁材料制成。这类电动机的特点是转子惯量大，可以与机械系统的进给传动丝杠直接相连；堵转转矩大，可获得大的启动力矩，力矩快速性好；转速范围广，调节特性的线性度好；低速运行平稳、波动小，可在 1 r/min 甚至 0.1 r/min 下平稳运转。由于这类电动机的机械特性和调节特性的线性度好，目前仍有许多数控机械系统使用。但由于其电刷和换向器结构复杂、易磨损，需要经常维护，且电枢电流和转子最高转速受到一定限制。通常所说的直流伺服电动机，一般是指永磁直流伺服电动机。

(3)无刷直流伺服电动机。

无刷直流伺服电动机又叫无整流子电动机，是一种无刷伺服电动机。它没有换向器，由同步电动机和逆变器组成，逆变器由装在转子上的位置传感器控制。无刷直流伺服电动机实质上是交流调速电动机的一种，其气隙磁场按方波分布。由于无刷直流伺服电动机的性能达到直流伺服电动机的水平，电动机寿命提高了一个数量级，因此无刷伺服电动机(含无刷直流伺服电动机、交流伺服电动机)正逐步取代有刷直流电动机。

7.3.1.3 交流伺服电动机

由于直流电动机的优良调速性能，所以直流电动机调速一直在调速性能要求较高的场合占据主导地位。但限于直流电动机存在的固有缺点，人们提出了交流电动机调速，并逐渐替代直流电动机。

按交流伺服电动机的结构和原理可分为永磁式同步电动机和鼠笼感应电动机两类。

(1)永磁同步电动机。

永磁同步电动机如图 7-14 所示，它由定子、转子、检测元件等部分组成。定子有沟槽，内有三相绕组，形状与普通感应电动机的定子相似，外形有利于散热。转子由多块永磁铁和冲片组成。永磁同步电动机的主要优点是结构简单、运行可靠、效率高，适用于负荷小、调速性能要求较高的工作场合，如数控机床的进给运动驱动。

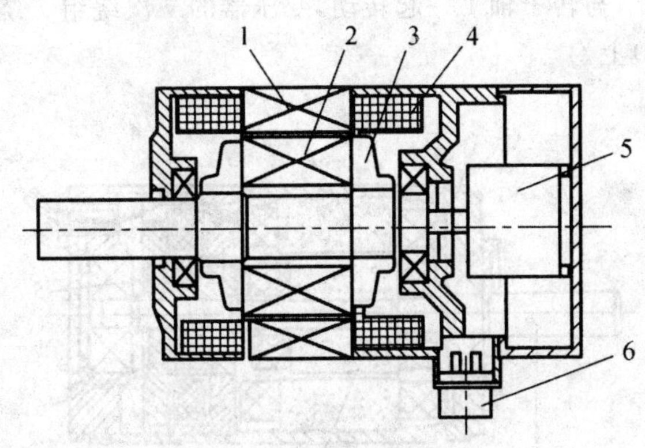

图 7-14　永磁同步电动机

1—定子；2—转子；3—压板；4—定子三相绕组；5—脉冲编码器；6—出线盒

(2)鼠笼感应电动机。

鼠笼感应电动机的结构简单、容量大、造价低廉，与同容量的直流电动机相比，重量约为 1/2，价格仅为 1/3 左右。鼠笼感应电动机的主要缺点是不能经济地实现范围较广的平滑调速，必须从电网吸收滞后的励磁电流。这种电动机适用于负荷大、调速性能要求较低的工作场合，如数控机床的主运动驱动。

7.3.2　位置检测装置

位置检测装置(或称检测元器件)是伺服系统的重要组成部分。它的作用是检测位移和速度，发送反馈信号，构成闭环控制(或半闭环控制)。根据测量装置的安装位置及与机床运动部件的耦合方式，位置检测装置可分为直接测量和间接测量两种。从测量的量值性质，检测装置可分为绝对型和增量型两类。按检测信号的类型，可分为数字式和模拟式两大类。下面就伺服系统中常用的检测装置作以下介绍。

7.3.2.1 旋转变压器

旋转变压器是一种交流型转角检测装置，结构上与交流感应两相异步电动机相似，由定子和转子组成，分有刷和无刷两种。在有刷结构中，定子与转子上均绕有相互垂直的两相交流绕组，转子绕组的端点通过电刷和滑环引出。无刷旋转变压器则没有电刷与滑环，基本结构包括两部分，如图7-15所示，一部分与有刷旋转变压器基本相同，叫分解器；另一部分叫变压器，它的一次绕组5绕在与分解器转子8固定在一起的变压器转子6(高导磁材料制成)上，与转子轴1一起转动，变压器的二次绕组7绕在定子4(高导磁材料制成)上。

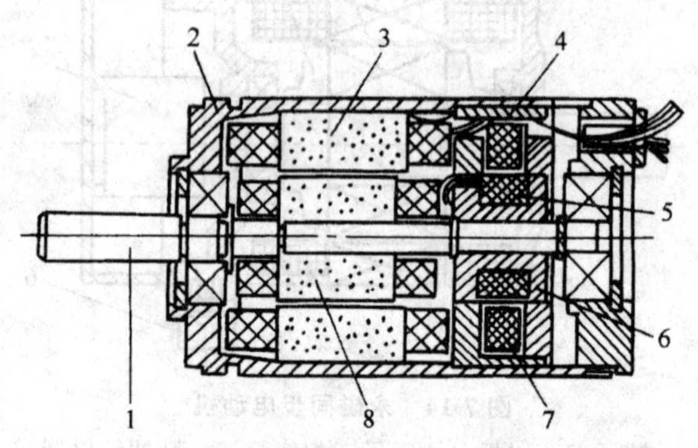

图7-15　无刷旋转变压器的结构图

1—转子轴；2—壳体；3—分解器定子；4—变压器定子；5—变压器一次绕组；6—变压器转子；7—变压器二次绕组；8—分解器转子

旋转变压器是根据互感原理工作的，具有可靠性高、寿命长、不用维修，以及输出信号大等优点，是数控机床常用的位置检测装置之一。旋转变压器只能检测转角位移，因此必须安装在旋转轴上。

7.3.2.2 感应同步器

感应同步器是一种电磁感应式的高精度位移检测装置，实质上，它是多极旋转变压器的展开形式。感应同步器分旋转式和直线式两种，前者用于角度测量，后者用于长度测量，其中直线感应同步器由定尺和滑尺组成，如图7-16所示。定尺上制有连续的平面绕组，绕组的节距为P；滑尺上制有两组分段绕组，分别称为正弦绕组和余弦绕组，它们相对于定尺绕组在空间错开$P/4$。滑尺安装在定尺上面，二者之间保持均匀的气隙(为0.05～0.1 mm)。

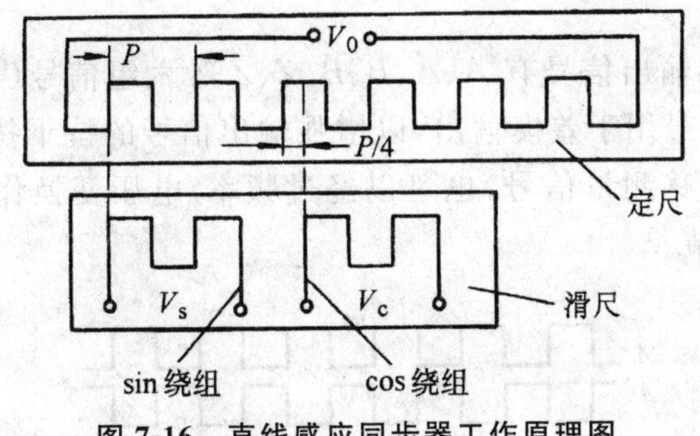

图 7-16 直线感应同步器工作原理图

感应同步器的工作原理与旋转变压器基本一致。感应同步器检测装置具有精度高、测量距离长、成本低、工作可靠,抗干扰性强等特点。与旋转变压器相比,感应同步器的输出信号比较弱,需要一个放大倍数很高的前置放大器。

7.3.2.3 光电脉冲编码器

光电脉冲编码器是一种增量型旋转式脉冲发生器,能把机械转角变成电脉冲。光电脉冲编码器主要由圆光栅和指示光栅组成。在圆光栅的圆周上刻有透明和不透明的间距相等的线纹,此外还有一个零位狭缝(一转发出一个脉冲),如图 7-17 所示。指示光栅上面制有相差 1/4 节距的两个狭缝(辩向狭缝)和一个零位狭缝。圆光栅与工作轴一起旋转,指示光栅与圆光栅相对平行地放置。

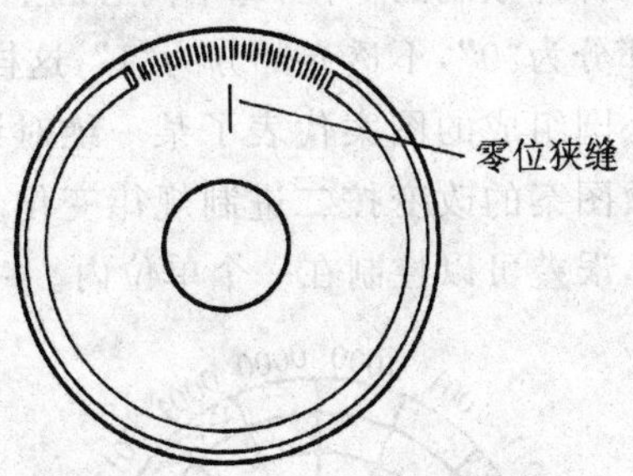

图 7-17 增量型光电脉冲编码器

当圆光栅旋转时,光线透过两个光栅的线纹部分,形成明暗相间的条纹,光电元件接收这些明暗相间的光信号,并转换为交替变化的电信号;该信号为两组近似于正弦波的电流信号 A 和 B,相位角相差 90°,经放大和整形变成方波。圆光栅每转一转,通过零位狭缝的信号发出一个脉冲,称为 Z 相脉冲,该脉冲用来确定一转的基准信号,通常该位置对应于机械的位移原点。

脉冲编码器输出信号有 A、$\overline{A}$、B、$\overline{B}$、Z、$\overline{Z}$ 等六组信号(见图 7-18)。其中对应相反的信号用于差模输出,以增强输出信号的抗干扰能力。这些脉冲信号可作为位移测量信号,也可以经过频率/电压变换作为速度反馈信号,进行速度调节。

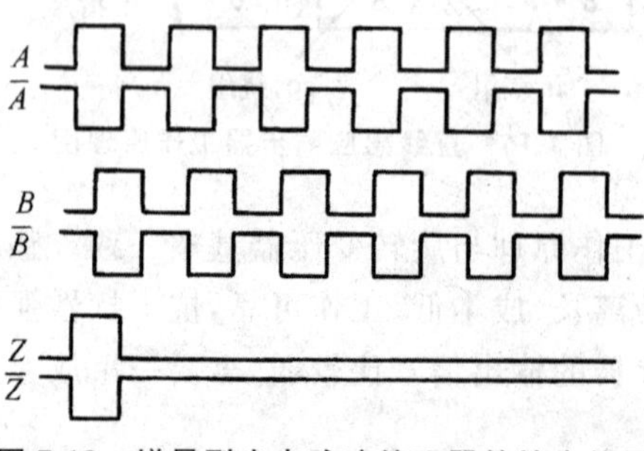

图 7-18 增量型光电脉冲编码器的输出信号

7.3.2.4 光电式绝对值编码器

光电式绝对值编码器是一种直接编码和直接测量的检测装置。它能指示绝对位置,没有累积误差,电源切除后,位置信息不丢失。从编码器使用的计数制来分类,有二进制编码、二进制循环码(葛莱码)、二-十进制码等编码器。最常用的是光电式二进制循环码编码器。

四码道二进制循环码码盘示意图(见图 7-19)。码盘上有许多同心圆(称为码道),它代表某种计数制的一位,每个同心圆上有透光(白的)与不透光(黑的)部分,透光部分为"0",不透光部分为"1",这样组成了不同的图案。沿半径方向,若干同心圆组成的图案代表了某一绝对计数数值。二进制码盘每转一个角度,计数图案的改变按二进制规律变化。葛莱码计数图案的切换每次只改变一位,误差可以控制在一个单位内。

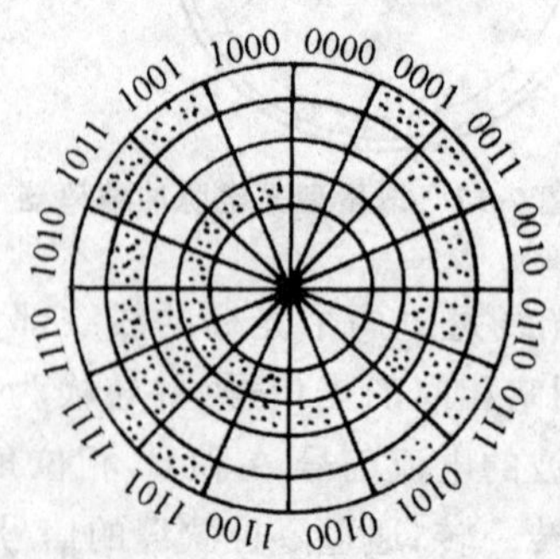

图 7-19 四码道二进制循环码(葛莱码)码盘示意图

光电式码盘没有接触磨损、精度高、寿命长、转速高。单个码盘可做到 18 位二进制,但其结构复杂、价格高。

7.3.2.5　光栅

光栅是高精度位置检测装置,它可将机械位移或模拟量转换为数字脉冲。根据光线在光栅中是反射还是透射,光栅分为反射光栅和透射光栅。从形状上看,又可分为圆光栅和长光栅。

透射光栅的标尺光栅和指示光栅都是由涂有感光材料涂层或金属镀膜的透明玻璃片制成的,然后刻上均匀密集的线纹,线纹相互平行,线纹之间的距离(栅距)相等。对于圆光栅,这些线纹是等栅距角的向心条纹。

栅距和栅距角是光栅的重要参数。对于长光栅,线纹密度一般为 25～50 条/mm(金属反射光栅),100～250 条/mm(玻璃透射光栅)。对于圆光栅按一周内线纹的条数来表示,如每周 1 000 条、10 800 条(60 进制,精度 3″)。

光栅的工作原理是将光栅形成的莫尔条纹变成电信号。当指示光栅上的线纹和标尺光栅的线纹成一小角度时,造成两光栅尺上线纹相互交叉。在光源的照射下,交叉点附近的小区域内黑线重叠,形成黑色条纹,其他部分为明亮条纹。这种明、暗相间的条纹称为“莫尔条纹”。莫尔条纹与光栅线纹几乎成垂直方向排列(严格说,是与两光栅夹角平分线垂直),如图 7-20 所示。

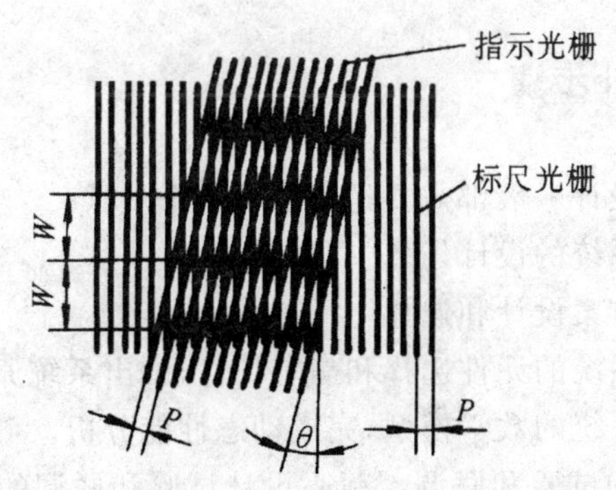

图 7-20　光栅形成的莫尔条纹

W—莫尔条纹宽度;P—栅距;θ—光栅线纹的夹角

7.3.2.6　磁尺(磁栅)

磁尺的构成原理如图 7-21 所示,它由磁性标尺、磁头和检测电路组成。磁性标尺一般安装在执行机构的移动部件上,磁头装在固定部件上。

标尺表面有一层磁性材料，将一定波长的方波或正弦波信号录制在磁性标尺上便成为磁刻度，其波长 λ 一般为 0.05 mm、0.01 mm、0.20 mm、1 mm 等几种。为了检测方向，设置了间距为 $(m \pm 1/4)\lambda$ 的两个磁头，m 为正整数。

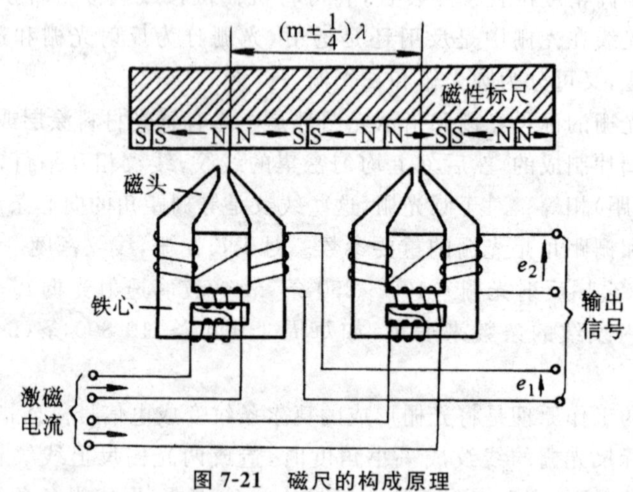

图 7-21 磁尺的构成原理

7.4 控制系统设计

7.4.1 设计步骤

控制系统的设计一般都需要经历如下几个步骤。

①确定控制系统的设计任务。

②控制系统方案设计和选择。

③完成控制系统的元件选择和静态计算，画出系统原理图。

④建立控制系统的数学模型，完成动态性能分析。

⑤控制系统的试验和联调。精心设计试验和联调的方法和步骤，确定所用的测试手段，保证系统的功能、性能和参数等指标能够完全正确地演示出来。

计算机控制系统设计步骤，如图 7-22 所示。

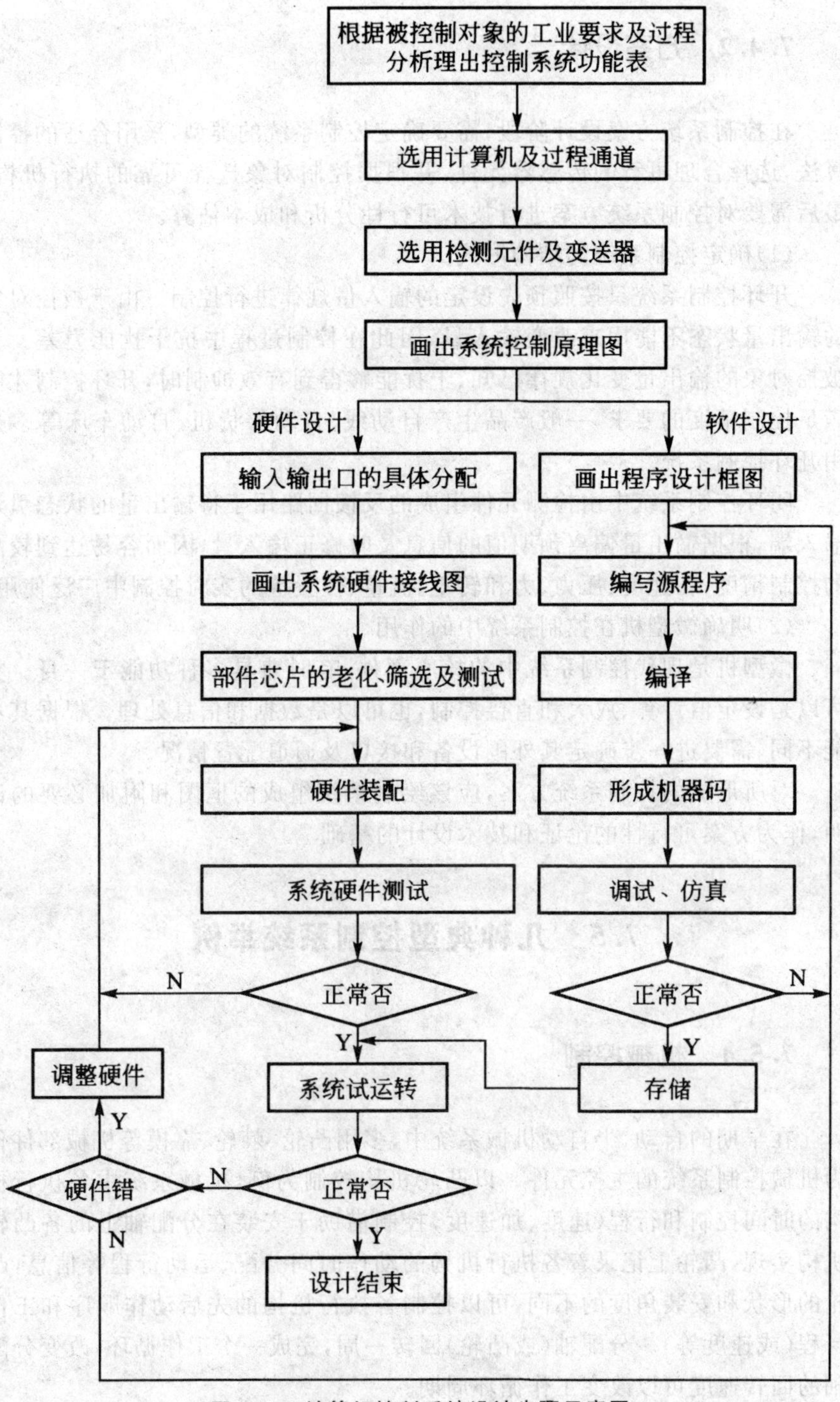

图 7-22　计算机控制系统设计步骤示意图

7.4.2 方案设计

在控制系统方案设计阶段，需要确定控制系统的类型，采用合适的控制算法，选择合理可行的传感器元件，并根据控制对象选择可靠的执行机构，最后需要对控制系统方案进行技术可行性分析和成本估算。

(1)确定控制系统的结构形式。

开环控制系统只按照预先设定的输入量规律进行控制。由于被控对象的输出量状态不能用来改变输入量，因此在控制过程中抗干扰能力差。当被控对象的输出量变化规律已知、干扰能够得到有效抑制时，开环控制才能满足控制精度的要求，一般产品生产自动线、自动售货机、自动车床等多采用开环控制系统。

闭环控制系统中由检测元件组成的反馈回路用于将输出量的状态引入输入端，根据输出量偏离预期值的信息及时修正输入量，因而容易达到较高的控制精度，在速度、压力、力和转矩、流量、位置等的实时控制中广泛使用。

(2)明确微型机在控制系统中的作用。

微型机是现代控制系统中的核心部件，有时兼具多种功能于一身。它可以是设定值计算、放大和直接控制，也可以是数据和信息处理。根据其功能不同，需要进一步确定其外围设备和接口及通道配置情况。

对所形成的控制系统方案，应该绘制系统组成的框图和附加必要的说明，作为方案可行性的论证和技术设计的基础。

7.5 几种典型控制系统举例

7.5.1 机械控制

在早期的自动、半自动机械系统中，多用凸轮、棘轮、靠模等机械部件作为机械控制系统的主控元件。以凸轮机构控制为例，机械系统中各执行机构的时间控制和行程(速度、加速度)控制借助于安装在分配轴上的各凸轮机构实现，凸轮上记录着各执行机构的动作时间分配、运动行程等信息，凸轮的形状和安装角度的不同，可以控制各执行机构的先后动作顺序和工作行程(或速度等)。分配轴(或凸轮)回转一周，完成一个工作循环，改变分配轴的回转速度可以改变工作循环周期。

图 7-23 所示为某自动车床机械控制实例。机床主轴带动工件 14 做回

转运动，刀架 6、7 和 13 上的刀具分别对工件做进给运动。凸轮 1、11 和 9 安装在分配轴Ⅰ和Ⅱ上，与分配轴一起旋转。

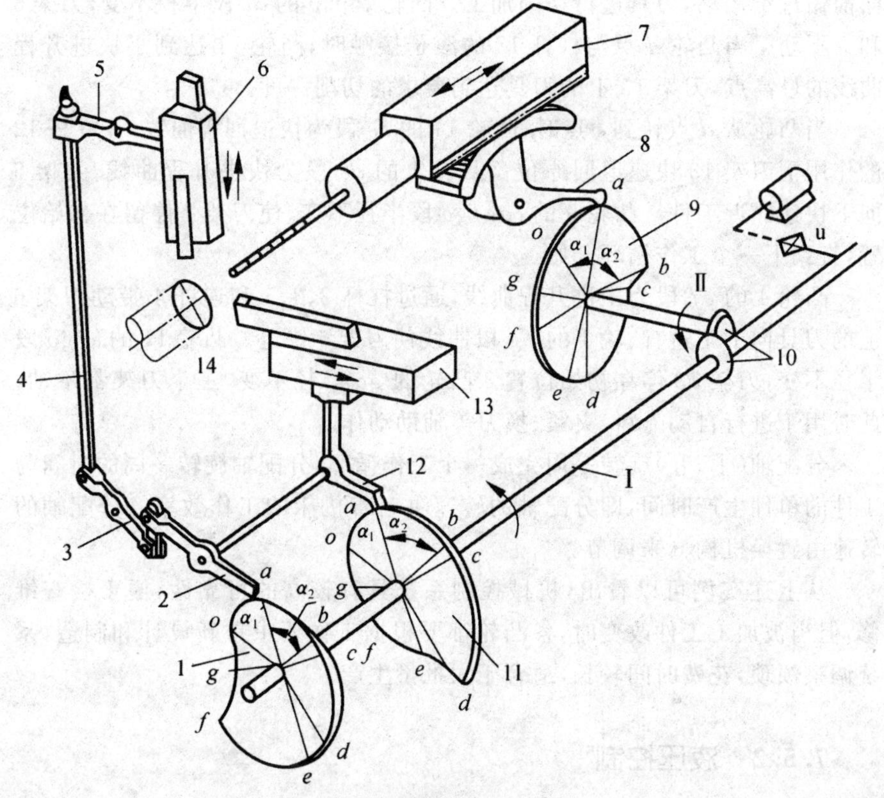

图 7-23　机械控制实例

Ⅰ、Ⅱ—分配轴；1、9、11—凸轮；2、3、5、8、12—杠杆；
6、7、13—刀架；4—连杆；10—锥齿轮副；14—工件；u—置换机构

当加工周期开始时，三个杠杆 2、12 和 8 的滚子分别与凸轮 1、11 和 9 的 o 点接触。分配轴（凸轮）转过角度 α_1 时，杠杆滚子与凸轮在 a 点处接触。凸轮 9 的 oa 段为快进升程曲线，在杠杆 8 的作用下刀架 7 快速移动接近工件。凸轮 1 和 11 的 oa 段半径不变，刀架 6 和 13 不动。

分配轴（凸轮）转过角度 α_2 时，凸轮 9 的 ab 段为工进升程曲线，刀架 7 上的钻头进行工进钻孔加工，b 点是升程的最高点，钻头达到要求的深度。凸轮 11 的 ab 段为快进升程曲线，刀架 13 在杠杆 12 的推动下快速向工件运动。凸轮 1 的半径不变，刀架 6 不动。

凸轮从 b 点转到 c 点时，凸轮 9 的 bc 段为快退回程曲线，在杠杆 8 的作用下刀架 7 快速退回原位。凸轮 11 的 bc 段仍为快进升程曲线，刀架 13 继

续快速接近工件。凸轮1的半径不变,刀架6不动。

杠杆滚子的触点越过 c 后,凸轮11的 cd 段为工进升程曲线,刀架13向前做进给运动,刀具进行切削加工。凸轮1和9的 cd 段半径不变,刀架6和7不动。当凸轮 d 点与杠杆12的滚子接触时,凸轮11达到了快进升程曲线的最高点,刀架13上的刀具达到要求的切削深度。

当凸轮从 d 点转到 e 点时,凸轮11的 de 段为快退回程曲线,在杠杆12的作用下刀架13快速退回原位。凸轮1的 de 段为快进升程曲线,刀架6向下快速靠近工件。凸轮9的 $cdefgo$ 段半径不变,使刀架7停留在初始位置,直到下一个工作循环开始。

凸轮1的 ef 段为工进升程曲线,通过杠杆2、3、5和连杆4带动刀架6上的刀具向下工进;凸轮1的 fg 段曲线使刀架6快退。凸轮11的 $efgo$ 段半径不变,刀架13停在初始位置。凸轮的 go 半径不变,三个刀架都不动,此时用于进行自动上料、夹紧、换刀等辅助动作。

分配轴(Ⅰ、Ⅱ)旋转一周完成一个工作循环,分配轴旋转一周的时间为工件的单件生产时间,即分配轴的转速决定着机床的工作效率。分配轴的转速由置换机构u来调节。

从上述实例可以看出,机械控制系统具有较高的可靠性,便于检查维修,但当被加工工件改变时,各凸轮都要根据工作要求重新设计和制造,系统调整烦琐,花费时间较长,适合于大批量生产。

7.5.2 液压控制

液压控制是采用液压执行元件作为控制系统的主控元件,根据液压传动原理建立起来的控制系统,它是在简单的机液伺服控制基础上加入电气的输入和反馈装置而构成。信号的初始放大、检测、校正等都采用电气和电子元件实现,充分发挥了液压和电气两方面的优点。液压控制以其优良的动态性能使系统具有很高的灵活性和广泛的适应性。因其响应速度快,抗负载刚度大,而成为精度很高的控制系统。

液压控制的执行元件主要有往复运动油缸、回转油缸、液压电动机等,其中油缸的使用占绝大多数。目前又开发出了各种数字式液压执行元件,例如,电液伺服电动机、电液步进电动机等。数字式液压执行元件的最大优点是体积小、驱动力(或转矩)大、过载能力强、定位精度高,可以直接驱动执行机构,特别适合于重载的工作场合。

图7-24所示是以液压缸作为主控元件的液压控制实例,其方框图见图7-25,它由指令元件、检测元件、比较元件、伺服放大器、电液伺服阀、液压执

行元件和被控对象等组成。在某稳定状态下，液压执行元件（液压缸 2）的速度由检测元件（测速发电机 5）测得并转换为电压信号 U_{f0}。U_{f0} 与从给定电位器 6 输入的信号电压 U_{g0} 通过比较元件 7 进行比较，其差值 $U_{e0}=U_{g0}-U_{f0}$ 内经放大器 8 放大后，以电流 I_0 输入电液伺服阀 1。电液伺服阀按输入的电流值自动调节滑阀的移动方向和开口大小，控制液压油的流向和流量。对应某一输入电流值 I_0，滑阀开口大小恒定，液压油的流量恒定，液压缸的输出速度保持恒定值。若由于干扰引起速度增加，则测速发电机的输出电压 $U_f<U_{f0}$，有 $U_e=U_{g0}-U_f$，放大器输出电流 $U_e=U_{g0}-U_f$；电液伺服阀的开口相应减小，液压缸的输出速度降低，直至 $v=v_0$，调节过程结束。按相同原理，当给定信号电压连续变化时，液压缸的输出速度也将随之连续变化，输出速度自动跟踪输入信号。

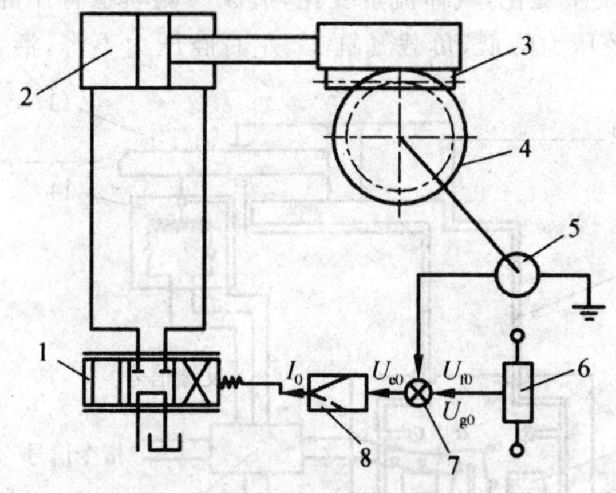

图 7-24 液压控制实例

1—电液伺服阀；2—液压缸；3—齿条；4—齿轮；
5—测速发电机；6—给定电位器；7—比较元件；8—放大器

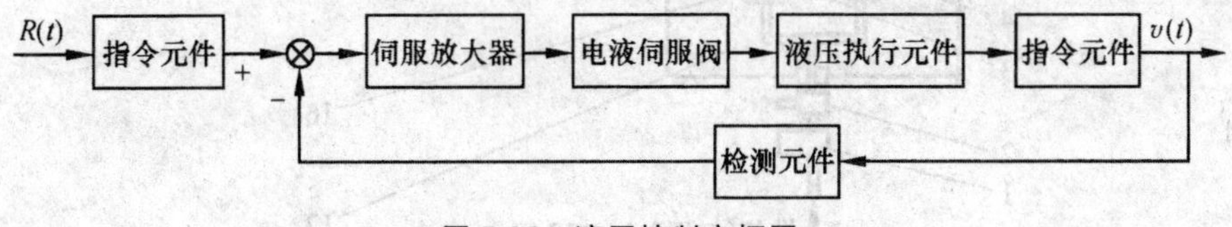

图 7-25 液压控制方框图

7.5.3 气动控制

气动控制除了用压缩空气作为工作介质外，其工作原理与液压控制无太大区别。具有代表性的气压执行元件有气缸、气压电动机等。气动驱动虽可得到较大的驱动力、行程和速度,但由于空气黏性差,具有可压缩性,故不能在定位精度很高的场合使用。由于采用压缩空气为工作介质,对环境的污染小,在易燃、易爆和多尘等工作场所应用,其安全可靠性大大超过液压和电气控制.,而且气动元件的动作速度高于液压元件。

图 7-26 所示为一种工业机械手气动控制实例,用于工业机器人的手臂控制,其方框图见图 7-27。该控制系统可在指令信号下,确保与机械手连接的活塞杆 13 按要求的运动规律和定位精度工作。伺服放大器 15 具有比较和放大功能,并能够将电压信号转换为电流信号。当反馈信号与指令信号不等时,伺服放大器 15 输出的偏差信号 ΔI(电流范围 $\pm 4 \sim \pm 40$ mA),力矩电动机(电磁线圈 9 和永久磁铁 10)两侧产生不等的电磁力,使摆杆 8 绕 a 点做微量摆动,挡板 3 偏离中间的平衡位置。挡板与两个转换器喷嘴 16 之间的气隙发生变化,气体流量变化,造成一侧喷嘴背压腔压力升高,另一侧喷嘴背压腔压力降低,负载气缸 12 左右腔压力不等,活塞杆 13 移动。

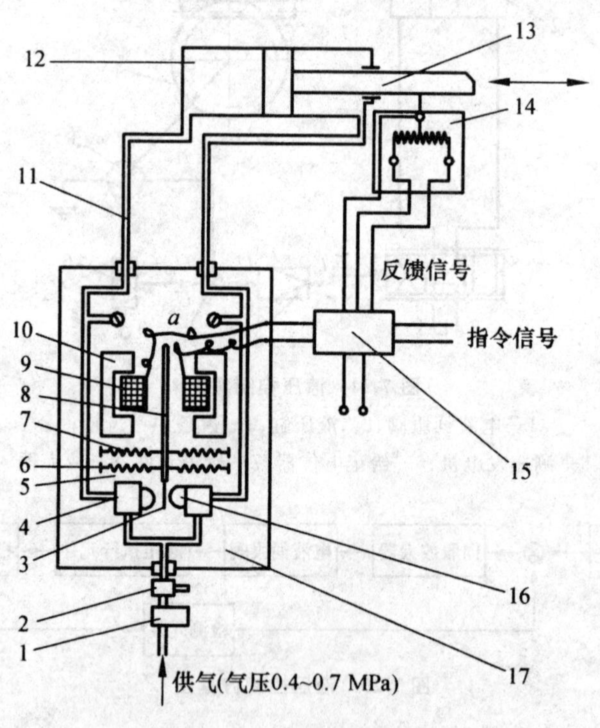

图 7-26　气动控制实例

1—滤清器;2—减压阀;3—挡板;4—转换器;5—排气口;
6—增益调整弹簧;7—零位调整弹簧;8—摆杆;9—电磁线圈;
10—永久磁铁;11—气管道;12—气缸;13—活塞杆;
14—电位计;15—伺服放大器;16—喷嘴;17—气压伺服阀

当指令信号与反馈信号相等时，偏差信号 $\Delta U=0$，则 $\Delta I=0$，且 $\Delta\theta=0$，挡板处于中间位置，两转换器的输出相等，活塞杆停止在平衡位置。

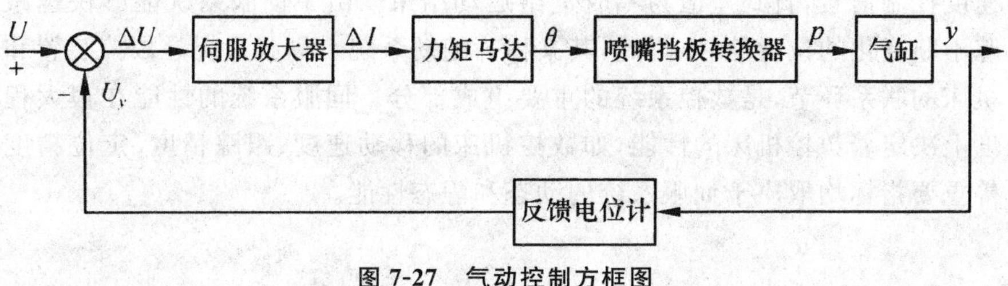

图 7-27　气动控制方框图

7.5.4　电气控制

电气控制是采用电气执行元件作为控制系统的主控元件，以移动部件的位置、速度等为控制量建立的自动控制系统。最常用的电气执行元件为各类控制电动机，例如，步进电动机、直流伺服电动机、交流伺服电动机等。电气控制具有能源清洁高效，响应速度快，动态性能好，控制精度高等优点，得到了非常广泛的应用。

图 7-28 所示为数控机床进给伺服控制系统实例，它以伺服电动机作为控制系统的执行元件，采用双闭环控制，内环是速度环，外环是位置环。速度环中用作速度反馈的检测装置为测速发电机、脉冲编码器等。速度控制单元是一个独立的单元部件，由速度调节器、电流调节器、功率驱动放大器等部分组成。位置环是一个由 CNC 装置中的位置控制模块、速度控制单元及位置检测等部分组成。由数控装置生成的进给运动指令作为伺服系统的输入，伺服系统接收后，快速响应跟踪指令信号。速度检测用于检测和反馈进给驱动速度的变化信息，经比较后由速度控制单元控制伺服电动机准

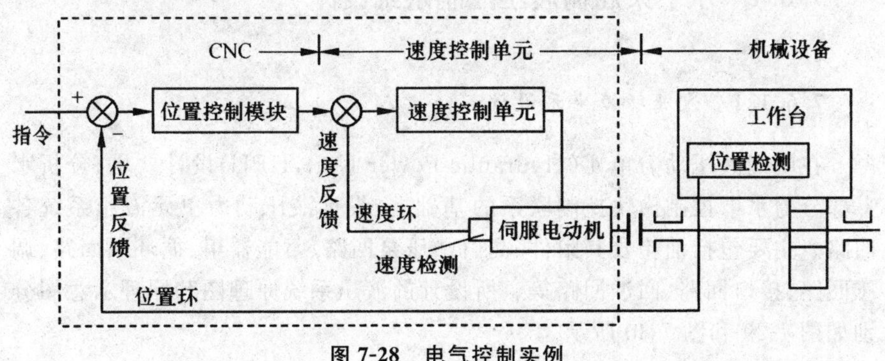

图 7-28　电气控制实例

确按数控指令运动。检测装置将工作台的位移量检测出来，并反馈给位置控制模块中的位置比较器，指令信号与位置检测信号相比较，有差值则发出速度控制信号，直到差值为零时进给运动结束。由于伺服系统能够快速跟踪不断变化的位置信号，因此，其又称为随动系统。伺服系统是数控装置和机床的联系环节，是数控系统的重要组成部分。伺服系统的性能在很大程度上决定着数控机床的性能，如数控机床的移动速度、跟踪精度、定位精度等重要指标均取决于伺服系统的动态和静态性能。

7.6 控制系统设计实例

自 1952 年美国 MOHOLEF 工程 West Cameron 192 No.7 井第一次实现真正意义上的水下完井，并首次使用油管（TFL）修井技术，水下生产系统已有六十多年的发展历史。其中，水下采油树是水下生产系统的重要装备。液压控制系统是水下采油树控制系统的关键组成部分，主要包括液压动力单元和水下控制模块。控制系统可根据工作要求，控制液压动力单元，保证液压源供给稳定，并控制水下控制模块中的电磁阀，从而控制采油树液控阀门的打开和关闭，同时控制系统监测水下生产压力、温度等参数。

确保生产安全、保证油气产量的关键因素是实现对水下采油树的有效控制。近年来，我国大力发展的海洋石油装备在水下生产系统领域取得了一定的发展，但在水下采油树控制系统等关键技术上的研究较少。目前，水下采油树控制系统的关键技术被国外公司垄断，水下采油树供应完全靠进口，一台水下采油树的平均价格高达 550 多万美元，相当昂贵。因此对水下采油树控制系统进行研究，具有非常重要的理论价值和现实意义。

7.6.1 水下采油树液压控制系统设计

7.6.1.1 液压动力单元设计

在明确液压动力单元（Hydraulic Power Unit，HPU）设计要求、分析水上部分与水下控制模块控制联系的基础上，设计液压动力单元液压系统各回路。主要包括油箱及其附件、高（低）压泵回路、蓄能器组、循环泵回路、调压回路、接口回路、回油回路等。所设计的液压系统原理图和原理示意图分别如图 7-29 和图 7-30 所示。

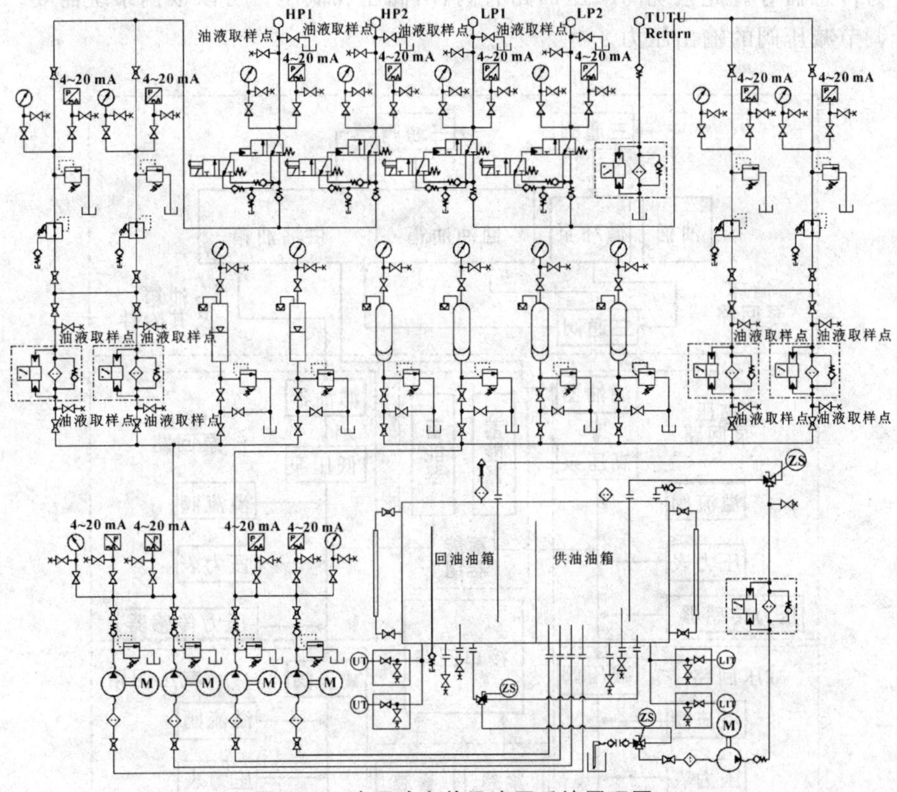

图 7-29　液压动力单元液压系统原理图

(1)油箱及其附件。

油箱的功能是为系统提供充足且清洁的液压油液，主要由供油油箱、回油油箱和油箱附件组成。供油油箱、回油油箱分开设计可保证供油油液清洁度。卸压阀和防爆阻火呼吸阀可保证油箱使用安全。

(2)高(低)压泵回路。

高(低)压泵回路的功能是提供高压稳定流体，输出压力为系统压力，主要包括高压泵组、溢流阀、单向阀、压力传感器、压力表等。

(3)蓄能器组。

蓄能器组的作用是辅助供能和补充泄漏。回路主要包括蓄能器、安全阀、隔离球阀组等。蓄能器的最大工作压力大于 31.5 MPa，最小工作压力不低于 20.7 MPa。

(4)减压回路。

减压回路的主要作用是将系统压力调节到采油树阀门执行机构需要的压力，要求调压准确、稳定。主要包括隔离球阀、滤油器、减压阀、溢流阀、压力传感器等。此系统的减压回路有两种:高压和低压。可以根据系统需要,调节减压阀的输出压力。

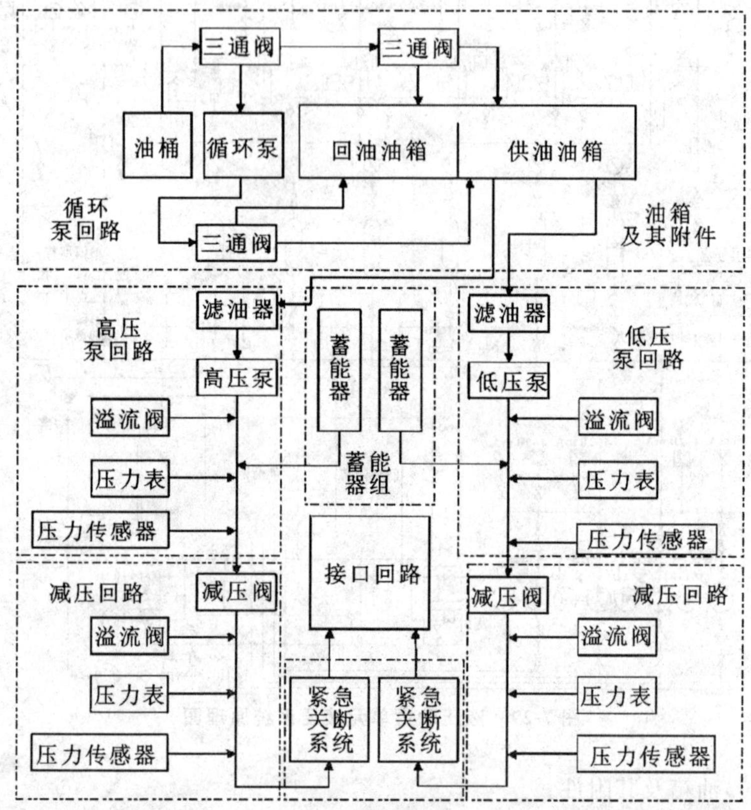

图 7-30 液压动力单元液压系统原理示意图

(5)紧急关断系统。

紧急关断系统的主要功能是当系统处于紧急状态时,对系统进行紧急关断。主要包括单向阀、电磁换向阀、液压先导阀等。电磁换向阀和液压先导阀实现了系统的紧急关断功能,紧急情况下,电磁换向阀失电,液压先导阀先导口压力下降,使先导阀换向,系统紧急泄压。

(6)接口回路。

接口回路是整个系统的输出回路,输出两种压力四个接口:HP1、HP2、LP1、LP2。接口回路的接口与脐带缆相连,将液压动力液传递到水下,供水下设备使用。主要包括油液取样阀、卸压阀、接头等。

(7)循环泵回路。

循环泵回路具有清洗和补油作用,补油又分为外部补油和内部补油。

主要元件包括电动三通球阀、滤油器、循环泵组、单向阀、取样阀、油桶等。循环泵的功能通过控制电动三通球阀的开关来实现。

7.6.1.2 水下控制模块设计

水下控制模块(Subsea Control Module,SCM)是与水下采油树直接相连的水下控制单元,可接收来自 HPU 的液压动力液,并负责引导液压动力液的最终流向,直接对水下采油树的阀门执行器进行控制,从而控制阀的开闭,主要包括供油回路、先导控制回路、液压补偿回路、接口回路、回油回路等。所设计的液压系统原理图和原理示意图分别如图 7-31 和图 7-32 所示。

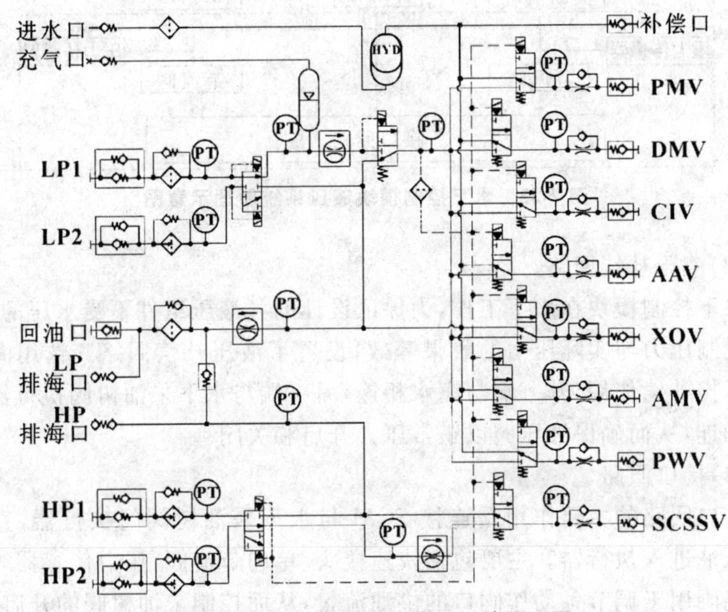

图 7-31 水下控制模块液压系统原理图

(1)供油回路。

供油回路的主要功能是接收来自水上的动力液,确保液压驱动液顺利进入水下控制模块,供油回路分为两个高压回路和两个低压回路,高压回路压力为 34.5 MPa,低压回路压力为 20.7 MPa。主要由快速接头、电液换向阀、蓄能器等组成。

(2)先导控制回路。

先导控制回路的主要作用是通过电信号和液压先导信号对系统中的换向阀件进行开关控制,引导液压液流向,准确实现系统对水下采油树阀门的开闭功能。主要包括电液换向阀、压力传感器、滤油器等。

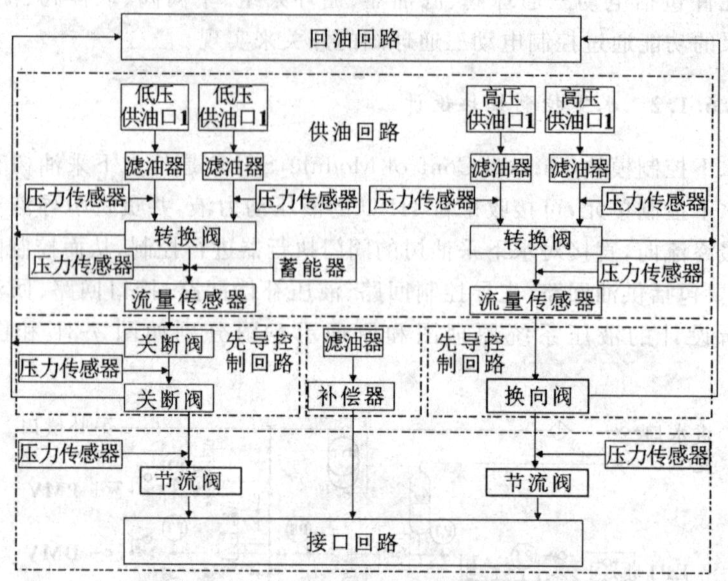

图 7-32　水下控制模块液压系统原理示意图

(3)液压补偿回路。

水下控制模块在水下工作，为保证设计的各液压组件不受水压的影响，确保控制压力与实际压力的效果等效，设置了液压补偿回路。选用海水补偿器承担补偿作用，其一端与海水相连，另一端与水下采油树阀执行器的弹簧腔相连，从而确保液压阀以正常压力开启和关闭。

(4)接口回路。

接口回路的主要作用是连接 SCM 与水下采油树阀门执行器，直接引导液压油进入执行器。主要包括快速接头、单向节流阀、压力传感器等。单向节流阀用于调节各动作阀口的供油流量，从而控制采油树阀的开启速度，并能使阀件快速关闭。

(5)回油回路。

水下控制模块位于深水中，工作过程中当采油树阀门卸压关闭时，需保证动作的快速性。回油回路设置 3 个回油口，既可引导水下油液返回油箱，也可作为测试水下控制模块用接口。

7.6.2　液压系统计算与元件选型

通过分析水下采油树系统参数，并根据水下采油树的系统工作要求，得出水下采油树液压控制系统的工作参数，如表 7-1 所示。

表 7-1　系统工作参数要求

参数要求	压力/MPa	流量/(L・min⁻¹)	执行器容积/L
高压阀	34.5	27.9	0.016 6
低压阀	20.7	21.6	11.7

根据系统参数要求，对液压系统各回路进行计算和元件选型。

7.6.2.1　液压泵

对于高压泵和低压泵，根据以下公式进行计算

$$p_p \geqslant p_1 + \sum \Delta p$$

$$p_n = \frac{p_p}{0.8}$$

$$q_p \geqslant K\left(\sum q_{max}\right)$$

根据上述计算结果得出高压泵和低压泵主参数，如表 7-2 所示。

表 7-2　高、低压泵主参数

主参数	额定工作压力/MPa	额定输出流量/(L・min⁻¹)
高压泵	43.8	30.7
低压泵	26.5	23.8

查阅相关产品手册确定选用力士乐柱塞泵，高压泵型号为 A2FO10/61R-VPB06，低压泵型号为 A10FZO8/10R-VSC02N00。

循环泵为低压工作，要求为低压、大排量，选择泵的类型为叶片泵，根据系统对补油时间的要求，循环泵的最小流量为 30 L/min，因此选取循环泵型号为 YB-A36B 型，其中额定压力为 7 MPa，输出流量为 30.9 L/min，驱动功率为 5.2 kW。

7.6.2.2　管线尺寸计算

根据液压设计手册，管线内径按以下公式进行

$$d = \sqrt{\frac{4q}{\pi v}}$$

$$\delta = \frac{pd}{2[\sigma]}$$

通过计算得出各回路管线尺寸，如表 7-3 所示。

表 7-3 管线尺寸

管线名称		管线规格
高压泵回路	泵入口	DN40,外径 50
	泵出口	DN10,外径 18
低压泵回路	泵入口	DN40,外径 50
	泵出口	DN12,外径 18
循环泵回路	泵入口	DN40,外径 50
	泵出口	DN15,外径 22
蓄能器组	高压	DN10,外径 18
	低压	DN12,外径 18
高压减压阀	入口	DN10,外径 18
	出口	DN12,外径 18
低压减压阀	入口	DN12,外径 18
	出口	DN12,外径 18
紧急关断阀	入口	DN12,外径 18
	出口	DN12,外径 18

7.6.2.3 蓄能器组

根据 API RP 16E 标准和《液压工程手册》,蓄能器参数按以下公式进行计算

$$V_0 = \frac{V_R}{\frac{p_0}{p_2} - \frac{p_0}{p_1}}$$

$$V_f = V_0\left(1 - \frac{p_0}{p_1}\right)$$

根据计算结果和 API 标准要求得出蓄能器主参数,如表 7-4 所示。

表 7-4 蓄能器主参数

主参数		额定压力/MPa	充气压力/MPa	总容积/L
液压动力单元	高压蓄能器	40	31.05	20
	低压蓄能器	31.5	18.6	37.8
水下控制模块		25.7	21.2	66.6

查阅相关产品手册，高压蓄能器选择型号为 SA-B-500-A-10-A-C-1-1-1-H-AA-HA 的海莱姆蓄能器，低压蓄能器选择型号为 SA-B-400-A-40-A-C-1-1-1-H-AA-HA 的海莱姆蓄能器，水下控制模块蓄能器选择型号为 NXQ-A-80/31.5-L-Y 的奥莱尔囊式蓄能器。

7.6.2.4　油箱

油箱分为供油油箱和回油油箱两部分。供油油箱需能够提供系统所有模块组件的供油量需求，同时回油油箱需能够接收来自系统所有模块组件返回的液压油，油箱容积计算如下所示。

$$V_0 = V_1 + V_2 + V_3$$

根据 API 标准要求，油箱实际容量 V 满足：

$$V \geqslant 1.5V_0$$

得出油箱实际容量 $V \geqslant 1\,819.7$ L，取 $V = 2\,000$ L。

7.6.3　水下采油树液压控制系统仿真与分析

7.6.3.1　系统建模

水下采油树液压控制系统主要包括液压动力单元和水下控制模块两部分。HPU 为液压动力源，来自 HPU 的驱动液经脐带缆由水面传递到水下的 SCM，用于驱动水下采油树阀门执行器。水下采油树阀执行器仿真模型如图 7-33 所示。

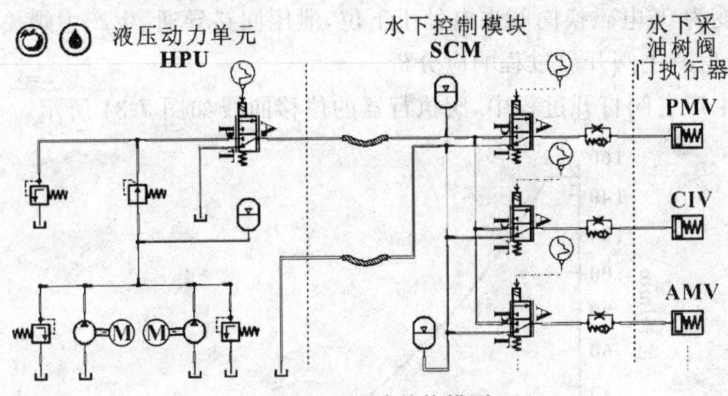

图 7-33　系统整体模型

在对系统关键部件进行建模、参数设置、运行仿真过程中，必须确认所控制水下采油树各阀门执行器参数，才能得出采油树阀执行器的响应过程。根据相关资料，得出此系统水下采油树各液控阀门参数如表 7-5 所示。

表 7-5 水下采油树各阀门执行器参数

阀名称	阀门完全打开压力/MPa	阀容积/L	阀行程/mm
CIV	18.6	0.11	31.8
XOV,AAV,AMV	18.6	0.61	65.0
PMV,PWV	18.6	4.9	149.1
DMV	18.6	N/A	N/A
SCSSV	31.1	0.016 6	N/A

7.6.3.2 仿真过程分析

在分析阀执行器响应之前，首先需要将整个系统充满液压油。在工作过程中，液压动力单元需要充满的部件包括：液压动力单元的管路、蓄能器，水面与水下之间的脐带缆管，水下控制模块的辅助供能蓄能器等。设置液压动力单元的电磁换向阀处于得电状态，水下控制模块电磁换向阀处于失电状态，直到系统充满液压油。

系统的仿真过程为：首先根据计算参数，在仿真前对蓄能器进行预充氮气，同时启动液压泵。考虑脐带缆的长度比较长，液压油传递到水下控制模块需要一定时间，因此对水下控制模块中电磁阀的控制在液压驱动油充满脐带缆后进行。系统充液完成后给电磁换向阀施加电压使其处于上位，阀执行器驱动回路导通，生产主阀打开。阀执行器完全打开后，将电磁阀信号给定值变为 0，电磁换向阀失电处于下位，泄压回路导通，生产主阀关闭。

(1)生产主阀开启过程响应分析。

在生产主阀打开过程中，阀执行器的位移曲线如图 7-34 所示。可以看

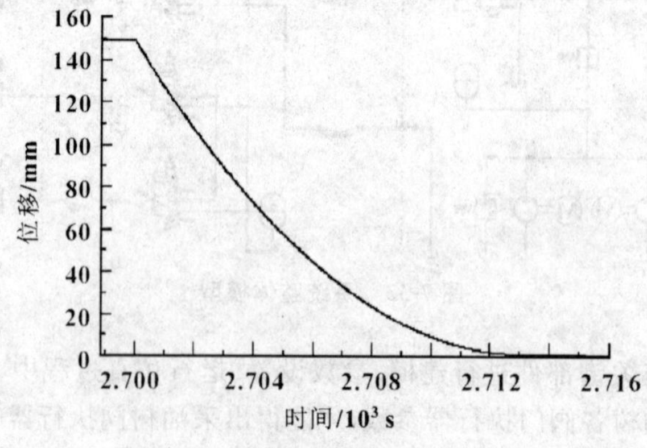

图 7-34 开启过程阀执行器位移曲线

出:在电磁阀开启时间点之前,阀执行器的位移一直为最大值 149.1 mm,此时生产主阀为完全关闭状态;电磁阀开启后,阀执行器开始移动,阀执行器的运动速度由快至慢,最终阀执行器的位移达到最低为 0,此时生产主阀完全打开。

由图 7-35 和图 7-36 可以分别得出对应的执行器入口压力和流量曲线。

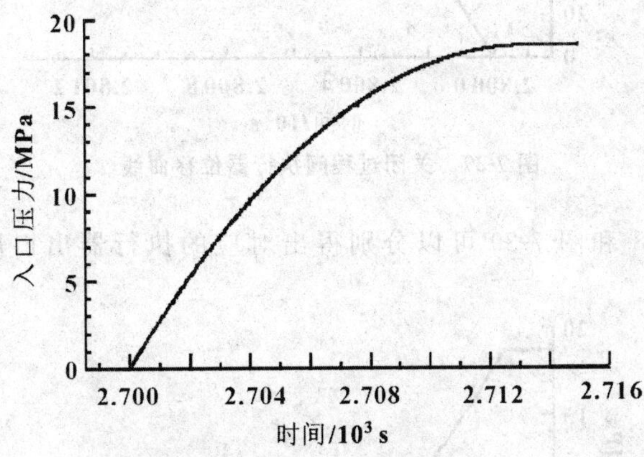

图 7-35　开启过程阀执行器入口压力曲线

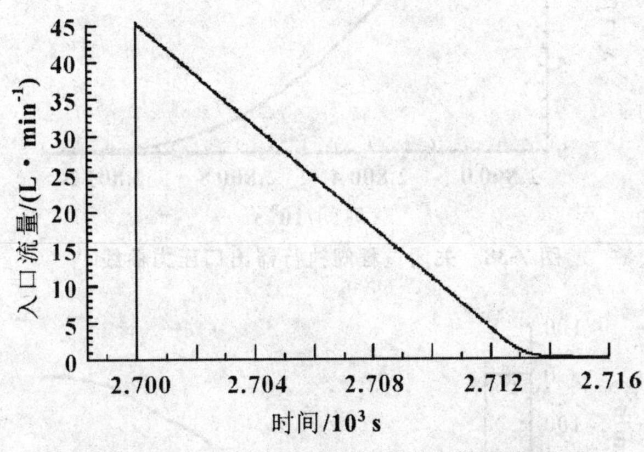

图 7-36　开启过程阀执行器入口流量曲线

通过以上分析得出生产主阀执行器的开启时间为 13 s。

(2)生产主阀关闭过程响应分析。

在生产主阀关闭过程中,阀执行器的位移曲线如图 7-37 所示。从图中可以看出,由于关闭时,回油回路中没有节流阀的控制,整个阀执行器的关闭过程非常迅速,当电磁阀失电切换至下位时,回路泄压,在弹簧压力的作用下,阀执行器快速运动,当阀执行器位移达到最大时,生产主阀完全关闭。

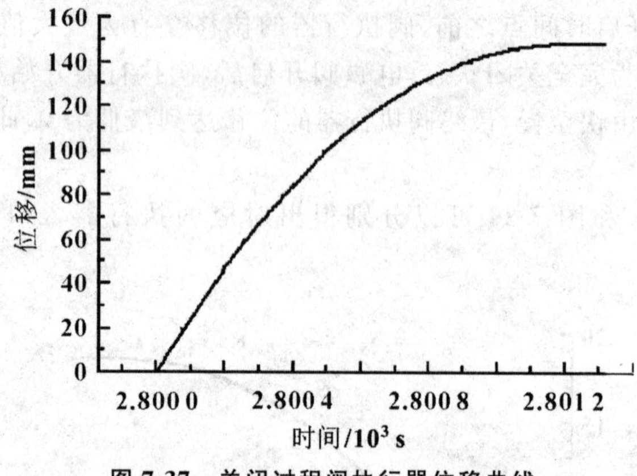

图 7-37　关闭过程阀执行器位移曲线

由图 7-38 和图 7-39 可以分别得出对应的执行器出口压力和流量曲线。

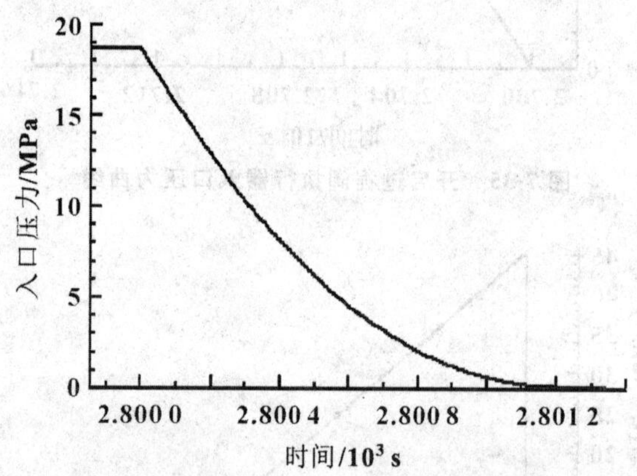

图 7-38　关闭过程阀执行器出口压力曲线

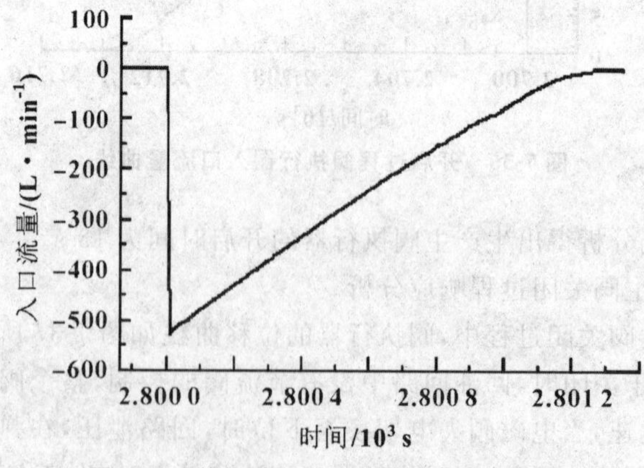

图 7-39　关闭过程阀执行器出口流量曲线

通过以上分析得出阀执行器的关闭时间为 1.2 s。

7.6.4　结论

通过对水下采油树液压控制系统设计及仿真分析,可以得出以下主要结论:

①通过查询国内外相关资料,研究水下采油树的结构、功能、工作原理,确定了水下采油树的工作参数。

②根据 API SPEC 17F—2006(82011)和 GB/T 21412.6—2009 标准对水下采油树液压控制系统功能和元器件的具体要求,设计了液压动力单元和水下控制模块,输出压力为高压 34.5 MPa,低压 20.7 MPa。每条回路采用冗余方式设计,并且设计了紧急关断系统,对系统进行了参数计算和元件选型。

③利用 AMESim 液压仿真软件,结合水下采油树液压控制系统的工作原理,对系统的液压动力单元、水下控制模块和采油树阀门执行器进行建模,并设置相关元件的仿真参数,通过对系统的响应分析得出:生产主阀执行器的开启响应时间为 13 s,关闭响应时间为 1.2 s,满足系统要求。

第8章 机械系统实用设计技术

在进行机械系统设计时，设计者应具备广阔的设计思路、正确的设计方法和渊博的设计知识。广阔的设计思路是产生最优设计方案的重要前提，正确的设计方法是顺利进行设计过程的最佳途径，渊博的设计知识是圆满完成设计任务的基本保证。本章将重点介绍一些实用设计技术知识。

8.1 机械结构系统的刚度

结构(或系统)的刚度是指它在外载荷的作用下抵抗其自身变形的能力。在相同的外载荷作用下，刚度愈大则变形愈小。与强度类似，刚度也表明结构(或系统)的工作能力。

结构刚度决定于下列因素。

①材料的弹性模量。拉、压和弯曲条件下的弹性模量 E 和扭转条件下的剪切弹性模量 G。

②变形体断面几何特征数。拉、压时为断面面积 A；弯曲时为断面的惯性矩 J，断面的极惯性矩 J_p。

③变形体的线性尺寸。长度 L。

④载荷及支承形式。即集中载荷或分布载荷；支承为铰支或插入端等。

弹性模量是材料的固有特性数。热处理或一般含量范围内的合金元素数量的变化对弹性模量影响很小。弹性模量只决定于基本成分的原子品格的密度，工业用金属中仅仅 W、Mo 和 Be 有较高的弹性模量，相应的 $E=4\times10^5$ MPa、3.6×10^5 MPa 和 3.1×10^5 MPa。但是，材料的选用主要取决于零件的工作条件，因此提高刚度最常用的措施是合理地配置系统的几何参数。

8.2 机械系统噪声控制

机械噪声是环境的主要污染源之一，它不仅会干扰人们的工作和休息，而且还会危害人的身体健康。如果长期处于强噪声的环境中，还会使人易于疲劳和烦躁，注意力分散，劳动生产率下降，甚至造成工伤事故。噪声是评价产品质量的一项重要指标，如何控制噪声，是机械系统设计时应该重点考虑的问题。

8.2.1　从声源上根治噪声

从声源上根治噪声，这是一种最积极、最有效的措施。根据噪声频率，通过分析找出产生噪声的原因，然后采取针对性的技术措施。其方法可归纳有以下几方面。

(1)改进设备结构。

提高箱体或机壳的刚度或将大平面改成小平面，如加筋或采用阻尼减震措施来减弱机器表面的振动、降低机械辐射噪声会带来良好的效果。又如风机叶片的形式不同，其噪声大小也有很大差别。选择最佳叶片形状，能降低风机噪声。例如，将风机叶片由直片形式改为后弯形，可降低噪声 10 dB(A) 左右。若在允许的情况下，将冷却风机的叶片直径减小，亦可降低噪声 6～7 dB(A)。

此外，共振能最有效传递振动和发射噪声，因此要特别注意调整机械设备及其主要零部件的固有频率，使其不与激振的干扰力频率相一致或接近。

(2)改进工艺和操作方法。

如用焊接代替铆接，用液压机代替锤锻机等，均能显著降低噪声。发电厂等工业锅炉的高压蒸汽放空时产生很大的噪声，通过工艺改进，将所排空的蒸汽回收进入减温减压器，这样不仅消除了放空噪声，而且提高了经济效益。

(3)提高加工和装配精度。

为减小振动和降低噪声，应尽量减小撞击件质量，降低撞击速度，对回转件进行静态与动态平衡以提高传动件的精度，减小接合处的间隙，尽量采用均匀的回转运动代替往复运动，合理安排润滑，降低运动表面粗糙度值，以减小摩擦力。

8.2.2　在噪声传播途径上降低噪声

噪声除了通过空气传播外，还能通过地板、金属结构、墙、地基等固体传播。这时，降噪的基本措施是隔振和减振。隔振用隔振材料或隔振元件，常用的材料有弹簧、橡胶、软木和毡类。对金属结构的传声，可采用高阻尼合金，或在金属表面涂阻尼材料减振。表 8-1 是常用的噪声工学控制措施适用的场合及降噪效果。

表 8-1　噪声工学控制技术措施应用举例

现场噪声情况	合理的技术措施	降噪效果/dB
车间噪声设备多且分散	吸声处理	4～12
车间人多,噪声设备台数少	隔声罩	20～30
车间人少,噪声设备多	隔声间	20～40
进气、排气情况	消声器	10～30
机器震动、影响近邻	隔震处理	5～25

8.3　隔振装置

8.3.1　金属弹簧隔振器

金属弹簧按形状特点划分有圆柱形弹簧、板形弹簧、圆锥形弹簧、盘形弹簧等,其中圆柱形弹簧应用最广。

8.3.1.1　金属圆柱形螺旋弹簧隔振器

金属圆柱形螺旋弹簧隔振器的特性曲线——力和变形之间的关系是符合线性规律的,如图 8-1 所示的直线 A。载荷越大,系统的固有频率就越低,如图 8-2 所示的曲线 A。

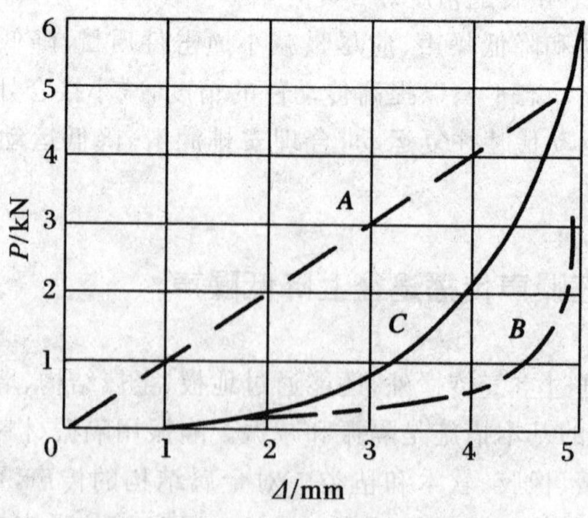

图 8-1　隔振器载荷 P 与变形 Δ 的关系

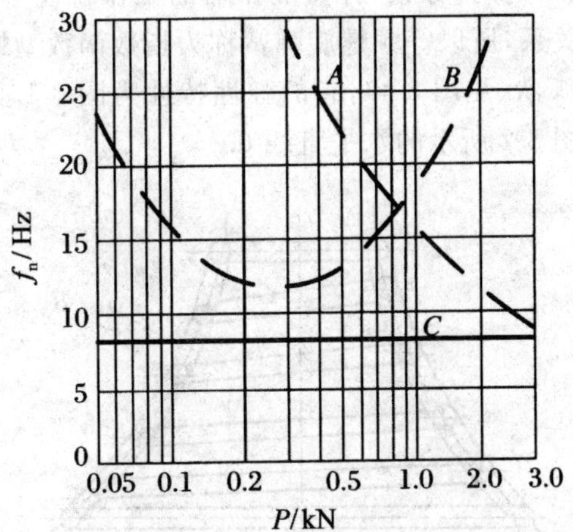

图 8-2　隔振器载荷 P 与固有频率 f_n 的关系

根据受力情况及隔振器的布置，可采用单弹簧隔振器[图 8-3(a)]，也可采用双弹簧隔振器[图 8-3(b)]，或把四个弹簧装在一个弹簧盒内的隔振器[图 8-3(c)]。

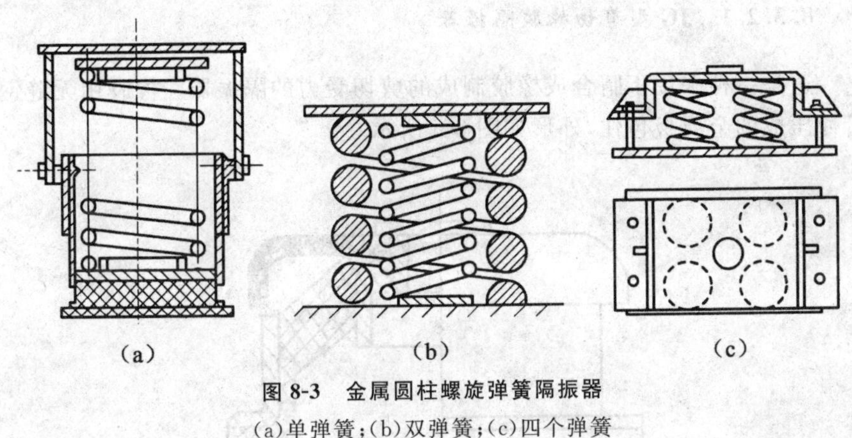

图 8-3　金属圆柱螺旋弹簧隔振器

(a)单弹簧；(b)双弹簧；(c)四个弹簧

8.3.1.2　金属非圆柱形螺旋弹簧隔振器

金属非圆柱形螺旋弹簧隔振器的特点是力和变形的关系不成正比，是非线性的，如图 8-1 所示的曲线 B。一般情况下，作用于非线性隔振器上的载荷越大，频率就越低(通常非线性隔振器常工作在这部分曲线上，如图 8-2 所示的曲线 B)，但达到某一极值后，若再增加载荷，就会使固有频率增高。

固有频率 f_n 一定的(等频)弹簧隔振器的工作特性——载荷与变形之间的关系是指数关系,所以等频螺旋弹簧称为指数函数型螺旋弹簧,其外形呈半径为 R 的圆弧状(见图 8-4),它的弹性特性为图 8-1 所示的曲线 C;频率与载荷关系为图 8-2 所示的水平直线 C。

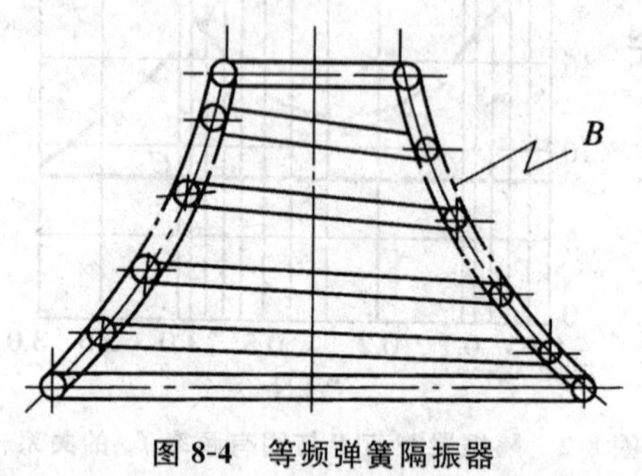

图 8-4 等频弹簧隔振器

8.3.2 橡胶隔振器

8.3.2.1 JG 型剪切橡胶隔振器

这是一种采用丁腈合成橡胶制成的剪切受力的隔振器。橡胶用无缝钢管冲压成的金属板包住,外形如图 8-5 所示。

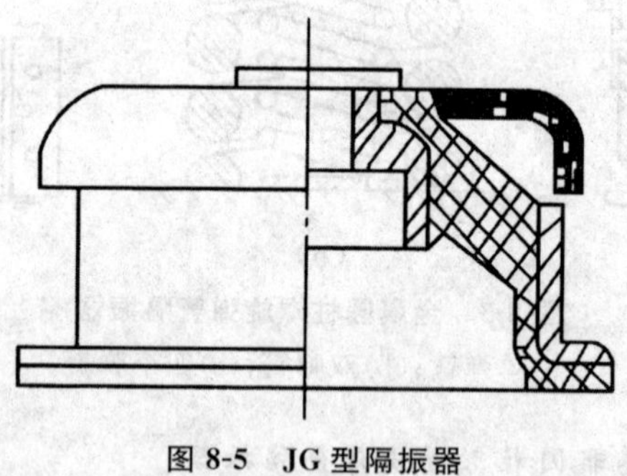

图 8-5 JG 型隔振器

JG 型隔振器共分 4 类,每类有 7 种,共 28 种。按橡胶硬度的不同,HS 只从 40～82,每种相差 7。

两只性能相同的隔振器以其小端对接串联使用时,在同样载荷下,变形增大一倍,刚度降低一半,固有频率为原来的 $2^{-1/2}$。

8.3.2.2 Z系列圆锥形橡胶隔振器

Z系列产品有五种规格，结构外形如图8-6所示，它的性能特点如下：

①锥角选用30°，使垂直和水平方向的弹簧刚度相差不大，可以认为三个方向刚度相等。

②橡胶倾斜受力，既受剪又受压，不易与金属支撑的骨架脱落。

③可成对串联使用以减低隔振系统的固有频率。

④动刚度系数 $n_d = 1.3 \sim 2.2$，一般取1.75。

⑤超载时不允许大于额定载荷的20%。

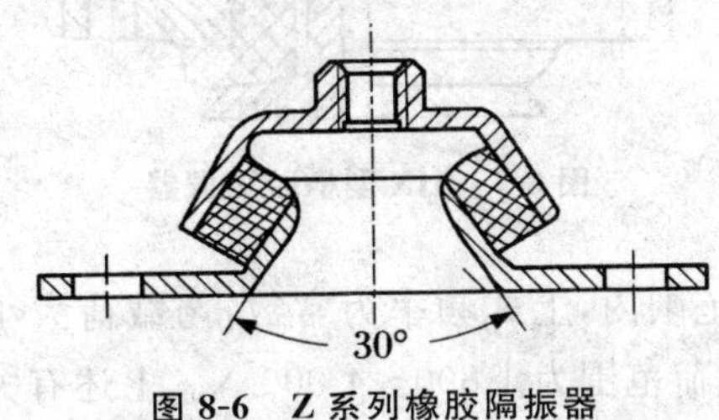

图8-6 Z系列橡胶隔振器

表8-2列出了它的性能参数。

表8-2 Z系列圆锥形橡胶隔振器的性能参数

型号	额定载荷/N		静刚度/(N/cm)		动刚度/(N/cm)		额定载荷下固有频率/Hz	
	垂直	横向	垂直	横向	垂直	横向	垂直	横向
Z-1	1 000	1 000	3 800	3 550	6 600	6 250	12.5	12.5
Z-2	2 000	2 000	3 900	4 000	7 100	8 100	9.5	10
Z-3	3 500	3 500	4 400	4 400	8 800	8 800	8.0	8
Z-4	6 000	6 000	7 000	6 700	15 500	—	8.0	—
Z-5	10 000	10 000	10 500	9 500	19 800	—	7.0	—

8.3.2.3 6JX型橡胶隔振器

图8-7为6JX型隔振器的结构图，这是一种等频隔振器。其静刚度为

$$k_s = 2.3cP$$

动刚度为

$$k_d = n_d k_s = 2.3cn_d P \text{ (N/cm)}$$

式中，P 为载荷(N)；c 为常数 cm^{-1}；n_d 为动刚度系数，一般取平均值 1.35。

固有频率为

$$f = \frac{1}{2\pi}\sqrt{\frac{k_d g}{P}} = \frac{1}{2\pi}\sqrt{2.3cn_d g} \text{ (Hz)}$$

式中，g 为重力加速度(cm/s^2)。

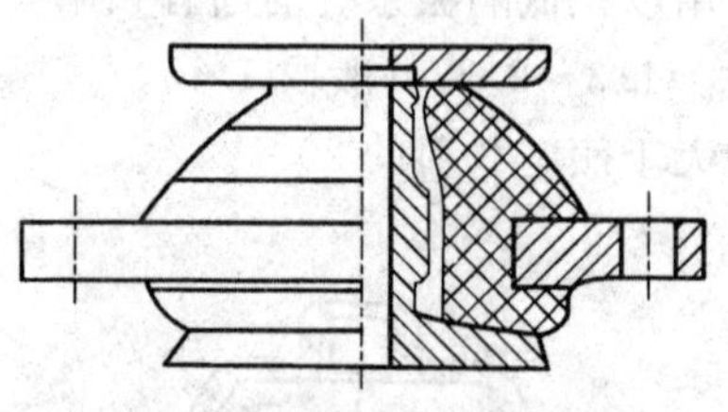

图 8-7　6JX 型橡胶隔振器

在一定变形量范围内，上式频率为常数，与载荷大小无关。以 6JX400 型为例，它的额定载荷范围为 1 800～4 000 N。上述有关参数见表 8-3。

表 8-3　6JX400 型隔振器性能参数

载荷 P/N	1 800	2 000	2 500	3 000	3 500	4 000
变形 λ_s/cm	5±1	6±1.5	8.3±2	10±2.5	11.7±3	13±3.5
静刚度 k_s/(N/cm)	1 820	2 030	2 530	3 040	3 540	4 050
常数 c/cm^{-1}	0.44±15%					

由于这种隔振器是非线性的，所以承载范围大，而且隔振性能较好。在额定载荷下固有频率为(6±1) Hz。

8.3.3　空气弹簧隔振器

空气弹簧隔振器(又称气垫)是一种比较理想的高效隔振器，它是在橡胶制的柔性密闭容器中加入具有一定压力的空气，利用空气的可压缩性实现隔振的，具有良好的弹性。现已在精密机床、电子显微镜、激光仪器、三坐标测量机、精密光栅刻划机、集成电路制版设备等精密设备上广泛应用。

空气弹簧隔振器由主气室、辅助气室和高度控制阀(进气阀、排气阀)等部分组成(见图 8-8)。主气室由橡胶膜(用压环压紧)、孔板及气垫罩组成,通过节流孔与辅助气室沟通。辅助气室与高度控制阀 1、6 之间有管路相通。高度控制进气阀固定在底盘上,并与气源接通;高度控制排气阀固定在气垫罩上,并与大气接通。当空气弹簧上的载荷增加时,设备和气垫罩下降,进气阀被螺栓顶开,压力空气经进气阀流入辅助气室及主气室,设备和气垫罩即逐渐回升,进气阀被逐渐关闭,直至恢复原位。当空气弹簧上的载荷减小时,设备上升,排气阀被挡块顶开,气室内的压力空气经排气阀排至大气,直到设备降到原有高度,排气阀才被完全关闭。

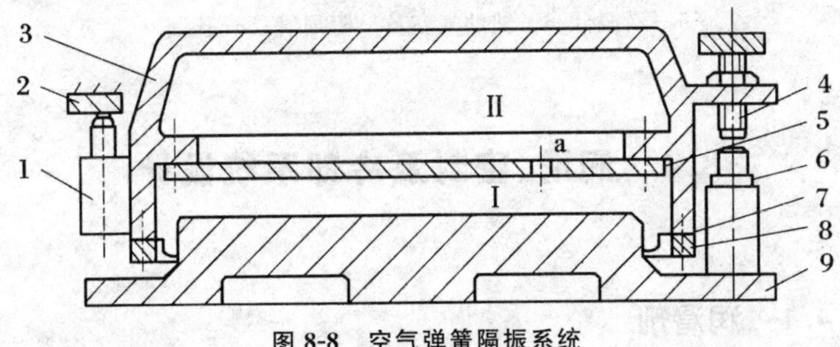

图 8-8 空气弹簧隔振系统

1—排气阀;2—挡块;3—气垫罩;4—螺栓;5—孔板;6—进气阀;
7—橡胶膜;8—压环;9—底盘;Ⅰ—主气室;Ⅱ—辅助气室;a—节流孔

空气弹簧大致可分为囊式和膜式两类。囊式的如图 8-9 所示,膜式的如图 8-8 所示。囊式优点是寿命长,制造工艺简单。缺点是刚度大,固有频率高,要得到比较低的固有频率,需要另加较大的附加空气室。囊式空气弹簧可设计成单曲、双曲或多曲式,理论上,同样容积,曲数越多,刚度越低。但曲数多,制造比较复杂、弹性稳定性也较差,故一般不超过四曲。图 8-10 为某台衍射光栅刻划机所用的一种曲囊式空气弹簧的隔振系统。

膜式空气弹簧优点是刚度小,固有频率低,振动特性曲线的形状容易控制。缺点是由于橡胶膜的工作情况较为复杂,耐久性比囊式差。

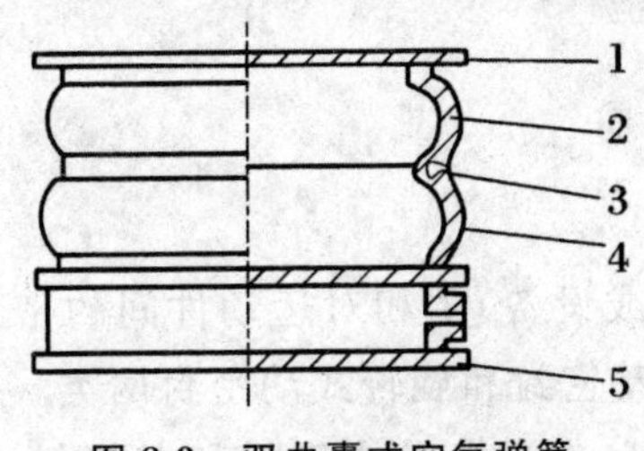

图 8-9 双曲囊式空气弹簧

1—上盖;2—橡胶囊;3—腰环;4—帘线;5—下盖(底座)

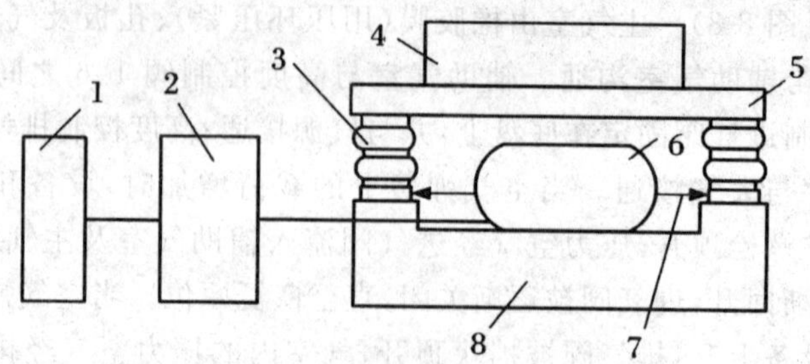

图 8-10 囊式空气弹簧隔振系统

1—气源；2—过滤系统；3—空气弹簧；4—设备；
5—隔振台；6—辅助气室；7—阻尼管；8—基础

8.4 润滑、密封及冷却系统设计

8.4.1 润滑剂

一切机械设备的润滑目的，都是为了减少工作表面的摩擦及由此造成的能量损失、减少工作表面的磨损及发热、提高其寿命、保持机械的工作精度及提高机械设备的工作效率；此外，润滑剂还有冲洗污物、防止表面腐蚀的功能。在工程中使用的润滑剂有：液体（如油、水及液态金属等）；气体（如空气、蒸汽、氦气及一些惰性气体等）；半固体（如润滑脂等）及固体（如石墨、二硫化钼、聚四氟乙烯等）四种基本类型。

在液体润滑剂中应用最广泛的是润滑油，它包括矿物油、动植物油、合成油及各种乳剂。在一般情况下，可用润滑油或润滑脂作为各种机械设备的润滑剂。

液体润滑剂的主要性能指标有黏度、凝点、闪点、油性等。润滑脂的性能指标为滴点和针入度。

8.4.2 动密封

动密封是指机器（或设备）中相对运动件间的密封。根据相对运动形式，动密封分为往复式动密封和旋转式动密封两类。按密封处运动件与静止件是否直接接触，密封分为接触式密封和非接触式密封。接触式动密封有填料密封、毛毡密封、油封密封、挤压密封、涨环密封和机械密封等。

非接触式密封有迷宫密封、浮动环密封、螺旋密封和离心密封等。有的机器和设备必须绝对密封,有的允许少量泄漏,所以应根据工作介质的性质、温度、压力和相对速度等操作条件以及对密封性能的要求选用密封的结构形式。

8.4.3 冷却系统

机械系统在能量传递过程中伴随着能量的损失。能量损失使机械系统温度升高,产生热变形,影响机械系统的工作精度,严重时使机械系统不能正常工作。因此,为保证机械系统具有一定的工作精度,必须设置冷却系统,特别对高精度的机械系统和热加工的机械系统设置冷却系统尤为重要。

8.4.3.1 冷却泵的种类和选用

根据冷却系统输送冷却剂的流量、压力的要求和冷却剂的净化程度(机械杂质的含量和颗粒度)选择供应冷却剂的泵。冷却泵有叶轮式泵(离心泵、旋涡泵)和容积式泵(齿轮泵、叶片泵、螺杆泵、柱塞泵)两大类。叶轮式泵的叶轮与泵壳之间有一定的间隙,允许机械杂质通过;过载时允许冷却剂在泵内自循环,不需设置溢流阀等安全保护装置;可用阀门方便地调节流量。容积式泵要求冷却剂净化程度高,否则很容易磨损;在冷却系统中需设置溢流阀,使多余的冷却剂返回冷却剂箱。

8.4.3.2 冷却剂箱

(1)冷却剂箱容积的确定。

冷却剂箱应有足够的有效容积,使已用过的冷却剂能自然冷却,将由工作区带来的热量散发掉。冷却剂箱的容积一般可取冷却泵每分钟输出的冷却剂容积的4～10倍。

(2)冷却机箱的结构形式。

冷却剂箱通常有两种结构形式。

①利用床身或底座等铸件内一个够大的空腔作冷却剂箱。精密机械系统不宜采用这种结构形式,因为产生的热变形可能会影响工作精度。此外,冷却剂箱的清洗也不方便。

②用钢板焊接(或铸件)单独做成冷却剂箱。这种结构通常与主机分离。对于精密机床,应使冷却剂从切削区通过最短途径迅速从机床上排除到冷却剂箱。

8.5 安全设计

在进行机械系统设计时,设计者应该始终贯彻执行安全设计的理念,确保使用者的人身安全和机械系统构件不发生损坏。为了防止事故保证安全,在机械系统结构设计时,一般可以从结构原理、零件强度、安全装置、防护与隔离、安全告知等方面采取措施。

(1)结构原理的安全性。

机械系统结构原理的安全性是设计者应该重点考虑的问题。如果机械系统的结构原理存在安全隐患,则极易发生安全事故,甚至导致重大安全事故。如高速回转的风扇叶片,如果因松动而脱落则会产生很大的安全隐患,为了简化结构,在结构原理上常通过改变锁紧螺栓螺纹的旋向来防止松动和脱落,即使风扇叶片回转工作时螺栓产生旋紧的趋势。总之,在机械系统安全设计时,要保证机械系统结构原理的安全性,这对于危险性较高的机械系统尤为重要。

(2)保证足够的强度。

机械系统的各零件应具有足够的强度,这里所说的强度包括静强度、疲劳强度、接触强度和抗冲击强度等。许多安全事故的发生是由于零件的强度不足,如起重钢丝绳的断裂、高速转动飞轮的破裂等。机械零件的强度不足,不仅会带来机械系统的安全隐患,而且还会严重威胁操作者的人身安全。

(3)合理选用安全装置。

为了防止因误操作或其他原因引发的安全事故,在机械系统中必须设置一些安全装置。安全装置的类型很多,可以用机械、电气、液压、气动及组合形式。常用的机械安全装置包括过载保护、事故保险、安全自锁和安全互锁等。

(4)安全防护与隔离。

对于有危险性的机械系统或机械系统的危险部分,必须采取一定的安全防护或隔离措施,以免对操作者造成人身危害。常见的防护和隔离措施包括保护罩、区域隔离和防护栏等。

(5)安全告知。

在使用机械设备以前,要对操作者进行培训,使其掌握机械设备的原理、容易发生事故的部分、保养维护的知识,以及事故发生的前兆(如钢丝绳的断丝标准)等。设计者应该在使用说明书中明确、详细地告知使用者操作、使用、维护和检修的注意事项，规定每天应该检查的项目，以及大修、中修和小修应该检查的项目、替换的零件和报废标准等。即使是非操作人员，在进入工作现场前，也要进行安全教育和安全技术交底，避免出现安全事故。另外，在危险场合、危险设备和设备的危险部位等处，必须设立警示标志。

8.6　绿色设计

一项产品的设计与生产必须投入相当多的人力、物力、财力等资源，从保护自然环境生态的观念思考。倘若产品使用寿命不是很长，不仅仅大大地糟蹋了宝贵的资源，同时在生产制造与使用过程中，废弃物对环境又再次造成危害。为了节省能源且避免材料的滥用，在设计上需要确实顾及延长产品的寿命，这就是绿色设计。绿色设计的主要内容包括绿色产品的描述与评价模型、绿色设计的材料选择与管理、产品的可回收性设计、产品的可拆卸性设计、绿色产品的成本分析、绿色设计数据库等。

(1)绿色产品的描述与评价模型。

为了准确全面地描述绿色产品，建立系统的绿色产品评价模型是绿色设计的关键，是针对某一产品实施绿色设计的前提。绿色产品评价既包含产品的技术经济指标，如功能、性能、质量和成本等，又包括对产品全生命周期内的绿色指标，如资源消耗、环境影响、人身安全等。目前应用较广泛的绿色产品评价方法有成本效益法、价值工程法、层次分析法、模糊综合法、灰色聚类法、生命周期法、神经网络法等，各种方法都有一定的适用范围，在实际应用中还有待进一步完善。

(2)绿色设计的材料选择与管理。

绿色设计要求设计者改变传统的设计思路，在选材时不仅要考虑产品的使用条件和工作性能，还必须考虑环境的约束，掌握材料对环境的影响。选用无毒、无污染、易回收、可重用、节能、易加工、易降解、成本低的材料，例如，在保证使用性能的前提下采用加钙的易切削钢，可减少切削加工过程中的能量损耗；又如改用轻型铝材汽车车身，可显著减轻重量，减少燃油消耗。

(3)产品的可回收性设计。

可回收性设计是指在产品设计初期充分考虑其零件材料的回收可能性、回收价值大小、回收处理方法、回收处理工艺性等与回收性有关的一系列问题，达到零件材料资源和能源的最大利用，并对环境污染最小的一种设计思想和方法。

(4)产品的可拆卸性设计。

拆卸是指从装配体上实现零部件分离的过程，产品的可拆卸性设计主要研究产品在报废后其零部件如何能高效、不破坏地拆卸下来，以利于零件的重新利用或进行材料的循环再生。可拆卸性设计是绿色产品的主要内容之一，改变了传统的设计思路，避免产品不可拆卸造成的大量零部件和材料浪费，减少了废弃物数量，减轻了环境负担，是绿色设计的一项主要评价指标。

(5)绿色产品的成本分析。

绿色设计不能以大幅提高产品成本为代价，否则市场对其接纳程度将大打折扣。绿色产品的成本分析与传统的成本分析不同，它不仅要考虑产品的制造、包装、运输、销售、使用和维修等方面的成本，还必须考虑产品报废后的回收、再利用、处理处置和环境影响的成本，如污染物的替代成本、产品拆卸成本、重复利用成本、特殊产品的环境成本等。对企业来说，是否支出环保费用，会形成产品成本上的差异。同样的环境项目，在各国或地区间的实际费用也会形成企业间的成本差异。因此，在每一项绿色产品设计时，都要进行成本分析，以便设计出绿色程度较高、成本较低的绿色产品。

8.7 设计实例

石油石化领域往复机械设备运转的不平衡、钢架基础的开裂、透平机的振动超标、管道的沉降、振动强烈和噪声过大等都与设备自身的振动密切相关，其后果给石油石化行业乃至整个工业生产带来巨大的经济损失。深化振动理论、隔振降噪技术的研究，延长大型往复机械设备寿命，优化和改善人机工业环境是石油石化行业内亟待解决的问题。以基础隔振为手段，寻找往复机械设备产生振动噪声的原因，选择合适的隔振措施，借助隔振装置，耗散振动能量，减少或削弱振动的传播，有利于降低振动危害，提高设备寿命，优化噪声环境。下面以 V-0.3/7 压缩机为对象进行往复机械基础支承的金属橡胶隔振器设计。

8.7.1 隔振器布置形式

该往复压缩机通过气体气体缓冲罐钢架与试验室钢基础直接安装连接，符合“设备—隔振器—地面”的布置方式(见图 8-11)，需要将隔振器直接安装在设备的机脚下。该往复压缩机结构紧凑，质量分布集中，附属设备较少，重量轻，整机的重心可视为结构几何重心。故该压缩机基础支承隔振器布置可选择平置式基础隔振形式，分别在气体缓冲罐钢架与钢基础之间布置4个规格相同，具有足够竖直刚度的金属橡胶隔振器。安装时要求弹性支承的刚度轴线与所参照对应的坐标轴平行。

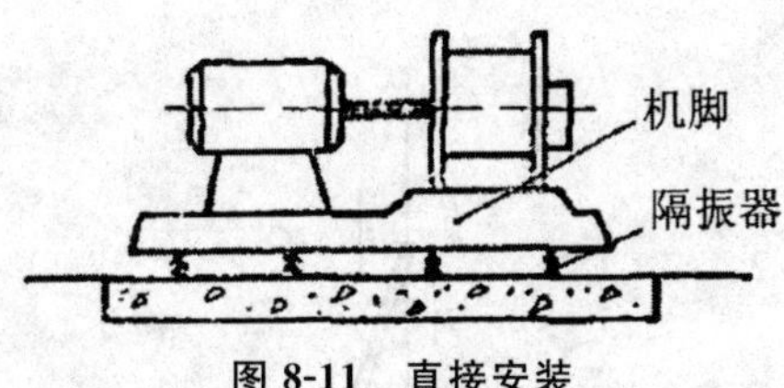

图 8-11 直接安装

8.7.2 往复机械的扰动力分析

如图8-12所示为往复压缩机曲柄连杆机构，假定其曲柄半径为R，连杆长度L，曲柄半径与连杆长度之比为λ，则连杆在上下往复过程中最高点到最低点的距离X(图中P_1点到P_2点的距离)为

$$X=(R+L)-(R\cos\alpha-L\cos\beta) \tag{8-1}$$

由于

$$R\sin\alpha=L\sin\beta$$

故

$$\sin\beta=\lambda\sin\alpha$$

$$\cos\beta=\sqrt{1-\lambda^2\sin^2\alpha}=(1-\lambda^2\sin^2\alpha)^{1/2} \tag{8-2}$$

展开可得

$$\cos\beta=1-\frac{1}{2}\lambda^2\sin^2\alpha-\frac{1}{8}\lambda^4\sin^4\alpha-\cdots \tag{8-3}$$

因λ^4阶次值很小，λ^4及其后面的高阶无穷小可以忽略，即

$$\cos\beta=1-\frac{1}{2}\lambda^2\sin^2\alpha \tag{8-4}$$

化简得

$$\cos\beta=1-\frac{1}{4}\lambda^2(1-\cos2\alpha) \tag{8-5}$$

代入(8-1)得

$$X=R\left[\left(1+\frac{\lambda}{4}\right)-\cos\omega t-\frac{\lambda}{4}\cos2\omega t\right] \tag{8-6}$$

式(8-6)也可认为是活塞的位移公式，对其求导可获得速度和加速度

$$\dot{X} = R\omega\left(\sin\omega t + \frac{\lambda}{2}\sin 2\omega t\right) \tag{8-7}$$

$$\ddot{X} = R\omega^2(\cos\omega t + \lambda\cos 2\omega t) \tag{8-8}$$

曲柄回转过程中产生的向心减速度为

$$a = R\omega^2 \tag{8-9}$$

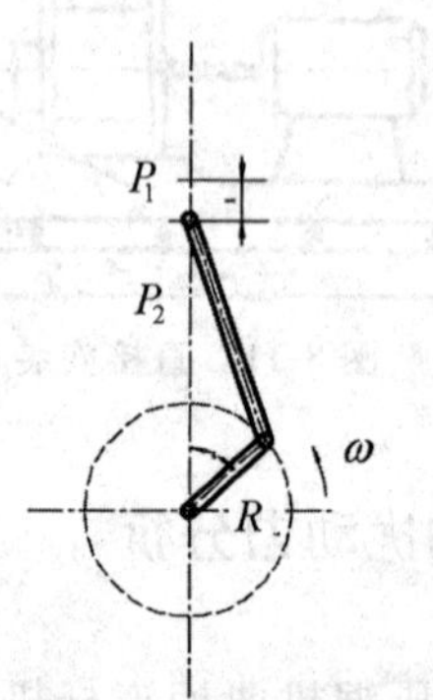

图 8-12　往复式机械曲柄连杆机构

针对往复单缸结构，若回转运动部件质量为 M_1（通常由曲柄销、曲柄腕的不平衡部分和连杆大端构成），往复运动部分的质量为 M_2（通常由活塞和连杆小端构成，也可认为由活塞、活塞杆、十字头、滑块和连杆小端构成），则离心力 $F_{离}$ 和惯性力 $F_{惯}$ 可表示为

$$F_{离} = -ma = -M_1R\omega^2 \tag{8-10}$$

$$F_{惯} = -m\ddot{X} = -M_2R\omega^2\cos\omega t - M_2R\lambda\omega^2\cos 2\omega t \tag{8-11}$$

因 V-0.3/7 压缩机为单缸往复式压缩机，可利用公式(8-10)，(8-11)对该压缩机进行扰动力分析。考虑曲轴等回转机构不平衡部分和连杆大端共同构成的质量，以及往复运动部分的活塞和连杆小端、活塞杆、十字头、滑块等构成的质量，分别计算离心力 $F_{离}$ 和惯性力 $F_{惯}$，为后续隔振器尺寸确定奠定基础。

8.7.3　V-0.3/7 往复压缩机基础支承的金属橡胶隔振器设计计算

V-0.3/7 往复压缩机主体尺寸为 1 275 mm×820 mm×1 120 mm，整机质量 130 kg，排气压力 0.7 MPa，振动扰动频率为往复压缩机转速频率。

图 8-13 为压缩机主动隔振系统模型示意图。压缩机与地基基础之间通过隔振器安装固定，在实际工作过程中，压缩机自身工作产生的振动响应

经过隔振器的能量消耗和转换，到达地面基础的力和能量将大大减少。

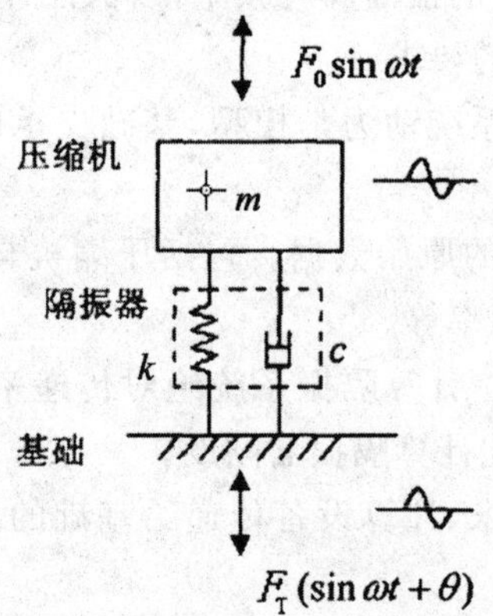

图 8-13　往复压缩机主动隔振系统模型

压缩机振动系统符合动力学方程

$$M\ddot{x}(t)+C\dot{x}(t)+Kx(t)=F_0\sin\omega t \tag{8-12}$$

式中，M,C 和 K 分别表示压缩机系统的质量、隔振器弹性单元阻尼系数和刚度；F_0 和 F_T 分别为作用到系统的激振力和通过阻尼器传递到基础的力。

主动隔振的绝对传递率

$$\eta_A=\frac{A}{U}=\frac{F_T}{F_0}=\sqrt{\frac{(1+2\xi\lambda)^2}{(1-\lambda^2)^2+(2\xi\lambda)^2}} \tag{8-13}$$

式中，A 为设备（压缩机）振动位移振幅（m）；U 为基础振动位移幅值（m）；λ 为隔振系统频率比，通常为激振频率和系统固有频率之比；ξ 为隔振系统阻尼比。

η_A 的物理意义是经过隔振后力或振动量减小的程度，$\eta_A<1$ 才有隔振效果，且 η_A 越小隔振效果越好，也称之为隔振系数。运动响应

$$\beta=\frac{AK}{F_0}=\frac{1}{\sqrt{(1-\lambda^2)^2+(2\xi\lambda)^2}} \tag{8-14}$$

运动响应 β 为设备位移振幅 A 与静变位之比。为保证设备在隔振过程中有足够的活动空间，隔振器具有的间隙应该大于设备位移振幅 A。

$$\lambda=\frac{\omega}{\omega_n} \tag{8-15}$$

$$\omega_n=\frac{\omega}{\lambda}=\frac{2\pi f}{\lambda} \tag{8-16}$$

$$\omega_n=\sqrt{\frac{k}{m}} \tag{8-17}$$

式中，ω、ω_n 为激振频率和系统固有频率（Hz）。

若在设备上作用几个振源，在计算 λ 时，应取激振频率 ω 的最小值。对多自由度系统，应取系统的最高固有频率，以保证各个激振频率和固有频率都满足 $\lambda = 2.5 \sim 5.0$ 的要求。

按照上述主动隔振系统动力学模型，基础支承的隔振器设计按如下步骤进行：

①确定被隔振设备的原始数据。包括压缩机与安装台座的尺寸、整机重量、重心位置及振动频率等。

②隔振器刚度设计。计算隔振系统绝对传递率 η_A、隔振系统频率比 λ 和系统固有频率 ω_n，由此计算隔振器刚度。

③基于主动隔振要求，计算设备传递给基础的力 F_T，验证是否符合隔振要求。

④考虑隔振效果和起停过程中避过共振区等因素，确定隔振器阻尼，并对隔振器进行选型，展开隔振器尺寸计算和具体结构设计。

下面按尽可能选择较少隔振器数目的原则，考虑往复压缩机质量，并保证安装稳定性要求，首先确定基础安装隔振器的数目为 4 个，计算每个隔振器的承重

$$p = \frac{W}{n} = \frac{130}{4} = 32.5\ \text{kg}$$

初选 $\lambda = 3$，由测试已知振动频率 $f = 25$ Hz，代入式(8-16)计算得隔振器固有圆频率

$$\omega_n = 52.33\text{rad/s}$$

由式(8-17)计算隔振器刚度 k

$$k = m\omega_n^2 = 32.5 \times 52.33^2 = 88.99\ \text{kN/m}$$

考虑隔振器隔振效果等因素确定阻尼系数，按照隔振器为刚性联结的黏性阻尼形式，计算得 $\eta_A = 0.126 < 1$，说明设计合理，可满足隔振要求。

8.7.4 V-0.3/7 往复空气压缩机基础金属橡胶隔振器设计与制备

(1)基础支承的金属橡胶隔振器。

按照上述计算结果，运用金属橡胶隔振器设计规范，对其进行基础隔振的金属橡胶隔振器设计，如图 8-14 所示为设计的基础支承金属橡胶隔振器。

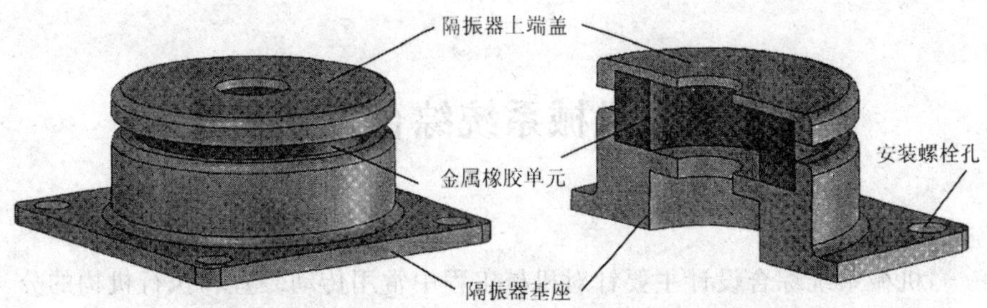

图 8-14　往复压缩机基础支承的金属橡胶隔振器

(2)金属橡胶隔振器制备。

按照上述设计方案，设计如图 8-15(a)所示的金属橡胶结构，成型后的金属橡胶单元内径为 ϕ16 mm，外径为 ϕ34 mm，高 10 mm。加工制备所用金属丝为 ϕ0.12 mm 的不锈钢合金金属丝。绕制的螺旋卷外径 ϕ1.27 mm，在心轴上以 38.7°的螺旋倾角缠绕，最后完成冲压成型。为方便与后续试验形成对比，通过改变成型压力和螺旋卷密实度，分别制备获得两种外形尺寸相同的金属橡胶试块，即相对密度分别为 0.22 和 0.25 的金属橡胶弹性单元，如图 8-15(b)所示。

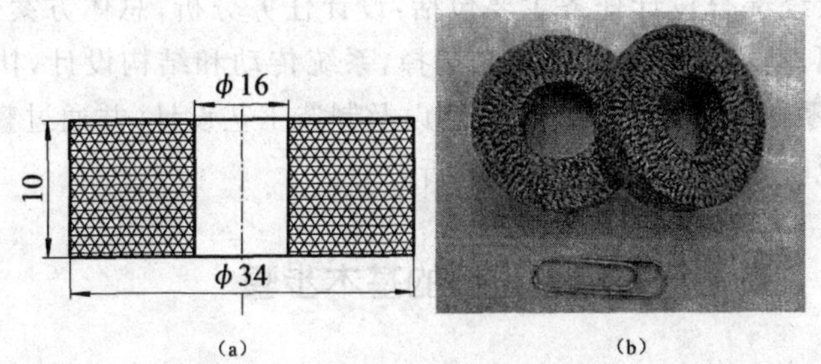

图 8-15　V-0.3/7 往复空压机基础支承的金属橡胶隔振弹性单元

(a)金属橡胶设计尺寸；(b)制备的金属橡胶部分试块

第 9 章　机械系统综合设计实践

机械系统综合设计主要针对机械工程中常用传动装置和执行机构的分析选型,机械装置控制驱动源的分析和选择,零部件结构的分析计算和设计,以及典型零件的制造工艺设计,并结合机器装配图和零件工作图设计练习,完成一个机电装置(或部件)的全部设计任务。

9.1　机械系统综合设计概述

9.1.1　机械系统综合设计的任务

机械系统综合设计任务主要包括:设计任务分析,总体方案论证,绘制总体系统图,动力设计及驱动源的选择,系统传动和结构设计,执行机构类型的确定,零部件的结构设计和计算以及制造工艺设计,并通过整理和编写设计计算说明书进一步提高综合分析能力。

9.1.2　机械系统综合设计的基本步骤

机械系统综合设计的基本步骤如下。

(1)设计准备。

首先阅读和研究设计任务书,明确设计任务、设计要求、工作条件,针对设计任务和要求进行分析调研、查阅有关资料,有条件的可参观有相似装置的现场或实物。

(2)方案设计。

根据分析调研结果,拟订传动系统方案、初选原动机及其类型、传动机构或装置、执行机构及它们之间的连接方式,拟订若干可行的总体设计方案。

(3)总体设计。

对所拟订的设计方案进行必要的计算,如总传动比和各级传动比、各轴的受力、转矩、转速、功率等系统运动和动力参数，并对执行机构和传动机构进行初步设计，并进行分析比较，择优确定一个正确合理的设计方案，绘制传动装置和执行机构的总体方案简图。

(4)结构和零件设计。

针对整机或某一部件(如部分传动装置或执行机构等)进行详细设计，根据各个零部件的强度、刚度、寿命和结构要求，确定其结构尺寸和装配关系，如轴及其支承(轴承)的设计和选用，箱体和机体及其附件的设计和选择等。

(5)零件加工工艺规程的设计。

根据装配图和零件工作图，依据单件小批生产类型的基本工艺特征，选择若干典型零件作为目标来进行制造工艺设计，并填写加工工艺卡片。

(6)整理数据和文档。

整理设计分析的方案、计算数据以及设计图样，编写设计分析和计算说明书。

9.2　齿轮减速器的设计

9.2.1　圆柱齿轮减速器的优化设计

减速器优化设计一般是在给定功率 P、齿数比 u、输入转速 n 及其他技术条件和要求下，找出一组使减速器的某项经济技术指标达到最优的设计参数。下面介绍建立减速器优化设计数学模型时，选择设计变量、目标函数和约束条件的一般原则。

不同类型的减速器，选取设计变量时是不同的。对于展开式圆柱齿轮减速器来说，设计变量可取齿轮齿数、模数、齿宽、螺旋角及变位系数等。对于行星齿轮减速器来说，设计变量除上述的齿轮参数外，还可加上行星齿轮个数。

设计变量应是独立参数，因此要特别注意，不要把非独立参数也列为设计变量。例如，齿轮传动齿数比 u 为已知，一对齿轮传动中，只能取 z_1(或 z_2)为设计变量。又如中心距不应取为设计变量，因为参数确定后，中心距就随之而定了。

根据减速器的工作条件和设计要求不同，目标函数也不同。当减速器的中心距没有要求时，可取减速器最大尺寸最小(见图 9-1)或重量最轻作

为目标函数。设 m 为减速器壳体内零件的总质量，l 为最大尺寸，则目标函数的形式为

$$f(\boldsymbol{X}) = m \rightarrow \min$$

或

$$f(\boldsymbol{X}) = l = r_1 + a + r_4 \rightarrow \min$$

式中，r_1、r_4 分别为主动轮和从动轮的分度圆半径；a 为减速器的总中心距。

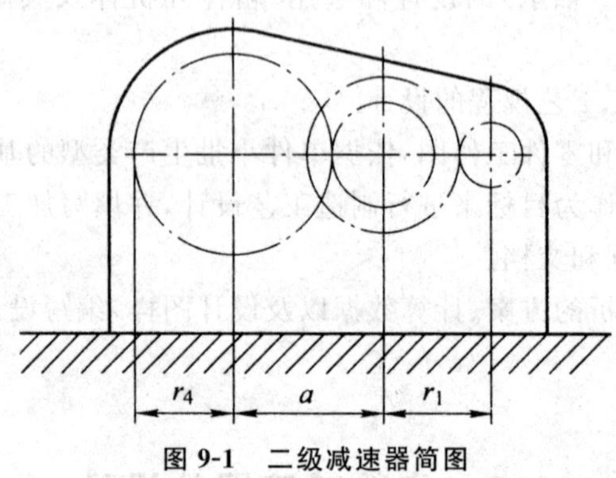

图 9-1　二级减速器简图

若减速器的中心距已固定，可取其承载能力最大作为目标函数。设承载能力用系数 φ 表示，则目标函数的形式为

$$f(\boldsymbol{X}) = 1/\varphi \rightarrow \min$$

减速器类型、结构形式不同，约束函数也不完全一样。但一般包括下面的内容。

①边界约束。如最小模数，不根切的最小齿数，螺旋角，变位系数，齿宽系数的上下界等的限值。

②性能约束。如接触强度、弯曲强度、总速比误差，过渡曲线不发生干涉、重合度、齿顶厚等的限值。对于行星齿轮减速器来说，尚有装备条件、同心条件和邻近条件等的限值。

减速器的类型很多，下面仅介绍单级、二级展开式圆柱齿轮减速器的优化设计。

9.2.2　单级圆柱齿轮减速器的优化设计

图 9-2 是单级圆柱齿轮减速器的结构简图。已知齿数比为 u，输入功率为 P，主动轮功率 P，主动轮转速为 n_1，求在满足零件的强度和刚度的情况下，使减速器体积最小的各项设计参数。

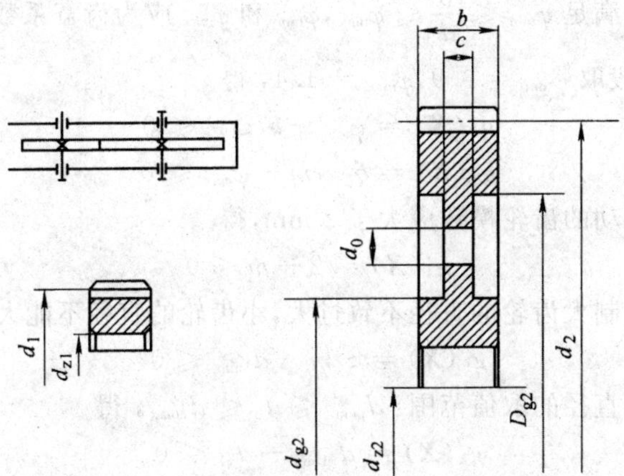

图 9-2　单级圆柱齿轮减速器的结构简图

由于齿轮和轴的尺寸(即壳体内的零件)是决定减速器体积的依据,因此可按照它们体积之和最小的原则来建立目标函数。根据齿轮几何尺寸及齿轮结构尺寸的计算公式,壳体内的齿轮和轴的体积可近似表示为

$$V = 0.25\pi b(d_1^2 - d_{z1}^2) + 0.25\pi b(d_2^2 - d_{z2}^2) - 0.25(b-c)(D_{g2}^2 - d_{g2}^2) - \pi d_0^2 c + 0.25\pi l(d_{z1}^2 + d_{z2}^2) + 7\pi d_{z1}^2 + 8\pi d_{z2}^2$$

$$= 0.25\pi[m^2 z_1^2 b - d_{z1}^2 b + m^2 z_1^2 u^2 b - d_{z2}^2 b - 0.8b(mz_1 u - 10m)^2] + 2.05bd_{z2}^2 - 0.05b(mz_1 u - 10m - 1.6d_{z2})^2 + d_{z2}^2 l + 28d_{z1}^2 + 32d_{z2}^2$$

式中各符号意义由图 9-2 直接给出,其计算公式为

$$d_1 = mz_1, d_2 = mz_2$$

$$D_{g2} = umz_1 - 10m$$

$$d_{g2} = 1.6d_{z2}$$

$$d_0 = 0.25(umz_1 - 10m - 1.6d_{z2})$$

$$c = 0.2b$$

由上式可知,当齿数比给定后,体积 V 取决于 b、z_1、m、l、d_{z1} 和 d_{z2} 6 个参数,则设计变量可取为

$$\boldsymbol{X} = [x_1 \quad x_2 \quad x_3 \quad x_4 \quad x_5 \quad x_6]^{\mathrm{T}} = [b \quad z_1 \quad m \quad l \quad d_{z1} \quad d_{z2}]^{\mathrm{T}}$$

目标函数为

$$f(\boldsymbol{X}) = V \rightarrow \min$$

约束函数如下:

①齿数 z_1 应大于不发生根切的最小齿数 $z_{\min}$ 得

$$g_1(\boldsymbol{X}) = z_{\min} - z_1 \leqslant 0$$

②齿宽应满足 $\varphi_{\min} \leqslant \frac{b}{d} \leqslant \varphi_{\max}$，$\varphi_{\min}$ 和 $\varphi_{\max}$ 应为齿宽系数 φ_d 的最小值和最大值，一般取 $\varphi_{\min} = 0.9$，$\varphi_{\max} = 1.4$，得

$$g_2(\boldsymbol{X}) = \varphi_{\min} - b/z_1 m \leqslant 0$$

$$g_3(\boldsymbol{X}) = b/z_1 m - \varphi_{\max} \leqslant 0$$

③动力传动的齿轮模数应大于 2 mm，得

$$g_4(\boldsymbol{X}) = 2 - m \leqslant 0$$

④为了限制大齿轮的直径不致过大，小齿轮的直径不能大于 $d_{1\max}$，得

$$g_5(\boldsymbol{X}) = z_1 m - d_{1\max} \leqslant 0$$

⑤齿轮轴直径的取值范围：$d_{z\min} \leqslant d_z \leqslant d_{z\max}$，得

$$g_6(\boldsymbol{X}) = d_{z1\min} - d_{z1} \leqslant 0$$

$$g_7(\boldsymbol{X}) = d_{z1} - d_{z1\max} \leqslant 0$$

$$g_8(\boldsymbol{X}) = d_{z2\min} - d_{z2} \leqslant 0$$

$$g_9(\boldsymbol{X}) = d_{z2} - d_{z2\max} \leqslant 0$$

⑥轴的支撑距离 l 按结构关系，应满足条件：$l \geqslant b + 2\Delta_{\min} + 0.5d_{z2}$（可取 $\Delta_{\min} = 20$），得

$$g_{10}(\boldsymbol{X}) = b + 0.5d_{z2} + 40 - l \leqslant 0$$

⑦齿轮的接触应力和弯曲应力应不大于许用值，得接触应力 σ_{H} 和弯曲应力 σ_{F} 的计算公式分别为

$$\sigma_{\mathrm{H}} = 2.5Z_{\mathrm{u}}Z_{\mathrm{E}}\sqrt{\frac{KFt}{bz_1}}$$

$$\sigma_{\mathrm{F1}} = \frac{2KTY_{\mathrm{Fa1}}Y_{\mathrm{Sa1}}}{\varphi_{\mathrm{d}}m^3 z_1^2}$$

$$\sigma_{\mathrm{F2}} = \frac{\sigma_{\mathrm{F1}}Y_{\mathrm{Fa2}}Y_{\mathrm{Sa2}}}{Y_{\mathrm{Fa1}}Y_{\mathrm{Sa1}}}$$

⑧齿轮轴的最大挠度 $\delta_{\max}$ 不大于许用值 $[\delta]$，得

$$g_{14}(\boldsymbol{X}) = \delta_{\max} - [\delta] \leqslant 0$$

⑨齿轮轴的弯曲应力 σ_{W} 不大于许用值 $[\sigma]_{\mathrm{W}}$，得

$$g_{15}(\boldsymbol{X}) = \sigma_{\mathrm{W1}} - [\sigma]_{\mathrm{W}} \leqslant 0$$

$$g_{16}(\boldsymbol{X}) = \sigma_{\mathrm{W2}} - [\sigma]_{\mathrm{W}} \leqslant 0$$

该问题为具有 6 个设计变量、16 个约束条件的优化设计问题，可采用惩罚函数法或其他方法求解。

9.2.3 二级圆柱齿轮减速器的优化设计

二级圆柱齿轮减速器的传动如图 9-3 所示。对其进行优化设计时，要

求不改变原箱体、轴和轴承体结构的条件下，通过优化啮合参数，充分提高各级齿轮的承载能力，并使高速级和低速级达到同等强度。

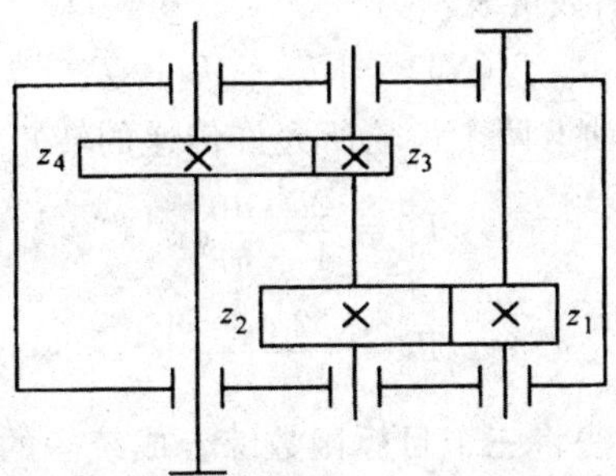

图 9-3　二级圆柱齿轮减速器传动图

(1)接触承载能力。

一对变位齿轮的接触承载能力可用只与啮合参数有关的接触承载能力系数 φ 表示，其函数形式为

$$\varphi=\frac{0.2a'^2 u\cos^3\alpha_t\tan\alpha'_t}{K_v(u+1)^2\cos\beta}$$

式中，a' 为啮合中心距；u 为齿数比；β 为分度圆螺旋角；α_t 为端面压力角；α'_t 为端面啮合角；K_v 为动载系数，$K_v=1+0.07vz_1/100$，其中 v 为齿轮圆周速度，z_1 为小齿轮齿数。

由上式可知，齿轮接触承载能力系数 φ 仅与 u、β、α'_t 有关，当啮合中心距 a' 和模数 m 已定时，端面啮合角 α'_t 表达式为

$$\cos\alpha'_t=\frac{z_1+z_2}{z_1+z_2+2y_t}\cos\alpha_t$$

式中，y_t 为中心距分离系数，$y_t=(a'-a)/m$，其中 a 为标准中心距。

(2)设计变量的确定。

将影响齿轮接触承载能力系数 9 的独立参数列为设计变量，即

$$\boldsymbol{X}=[x_1\quad x_2\quad x_3\quad x_4]^T=[u_1\quad \beta\quad y_{t1}\quad y_{t2}]^T$$

式中，u_1 为高速级齿数比；y_{t1}、y_{t2} 为高速级和低速级齿轮传动的中心距分离系数。

(3)目标函数的确定。

该问题要求提高高速级和低速级齿轮的传动承载能力，同时要求两级传动达到等强度，所以这是一个具有三个指标的多目标函数问题。可以将高速级和低速级齿轮传动的承载能力系数转化为第一、二两个分目标函数

$$f_1(\boldsymbol{X})=1/\varphi_1\rightarrow\min$$

$$f_2(\boldsymbol{X}) = 1/\varphi_2 \rightarrow \min$$

用中间轴上两个齿轮所允许传递转矩差的相对值最小来建立等强度条件，则第三个分目标函数可表示为

$$f_3(\boldsymbol{X}) = |T_1 - T_2|/T_1$$

式中，T_1、T_2 为中间轴上两个齿轮所允许传递的转矩。

$$T_1 = \frac{2a'_1 u_1}{1 + u_1}\varphi_1$$

$$T_2 = \frac{2a'_2}{1 + u_2}\varphi_2$$

现采用线性组合法将三个目标函数综合成统一的目标函数

$$f(\boldsymbol{X}) = \omega_1 f_1(\boldsymbol{X}) + \omega_2 f_2(\boldsymbol{X}) + \omega_3 f_3(\boldsymbol{X})$$

为使计算简化，各加权因子分别取为 $\omega_1 = 0.1$；$\omega_2 = 0.01$；$\omega_3 = 0.89$。为了将目标函数表示成设计变量的显函数，还需运用下列关系式（齿轮的法向模数 $m_n = 0.2a'$）

$$\frac{a_1}{a'_1} = 1 - y_{t1}\frac{0.02}{\cos\rho}$$

$$\frac{a_2}{a'_2} = 1 - y_{t2}\frac{0.02}{\cos\rho}$$

$$z_1 = \left(\frac{\cos\rho}{0.02} - y_{t1}\right)\frac{2}{1 + u_1}$$

$$z_2 = \left(\frac{\cos\rho}{0.02} - y_{t2}\right)\frac{2}{1 + u_2}$$

$$K_{v1} = 1 + \frac{a'_1 z_1}{1 + u_1}$$

$$K_{v2} = 1 + \frac{a'_2 z_2}{1 + u_2}$$

$$\tan\alpha'_{t1} = \sqrt{\frac{1}{(1 - 0.2y_{t1}/\cos\beta)^2\cos^2\alpha_t} - 1}$$

$$\tan\alpha'_{t2} = \sqrt{\frac{1}{(1 - 0.2y_{t2}/\cos\beta)^2\cos^2\alpha_t} - 1}$$

（4）约束条件建立。

①保证轴重合度 $\varepsilon_\beta = b\sin\beta/\pi m_n \geqslant 1$ 及螺旋角 β 不大于 15°，由此得

$$g_1(\boldsymbol{X}) = 1 - 20\sin x_2/\pi \leqslant 0$$

$$g_2(\boldsymbol{X}) = x_2 - \pi/12 \leqslant 0$$

②高速级和低速级齿数比分配由润滑条件决定，u_1 和 u 的关系式为

$$u_1 = \sqrt[3]{u}/B - 0.01u$$

式中，B 为系数，其值按下式计算

$$B=\sqrt[3]{\frac{K_{v1}}{K_{v2}}\left(\frac{[\sigma]_{H2}}{[\sigma]_{H1}}\right)^2\eta_2}$$

式中，$[\sigma]_{H1}$、$[\sigma]_{H2}$ 为高速级和低速级齿轮传动的许用应力接触应力，其比值为 0.9；η_2 为低速级的传动效率，其值取为 0.98。

由此得

$$g_3(\boldsymbol{X})=x_1-(\sqrt[3]{u}/B-0.01u)\leqslant 0$$

③限制低速级大齿轮直径，使其不超出原箱体，为此应满足关系式

$$a'_1\frac{2u_1}{u_1+1}\geqslant 0.6a'_2\frac{2u_2}{u_2+1}$$

由此得

$$g_4(\boldsymbol{X})=\frac{1.2a'_2}{\left(\frac{x_1}{u_1}+1\right)}-\frac{2a'}{\frac{1}{x_1}+1}\leqslant 0$$

④要求中心距分离系数满足 $0\leqslant y_{t1}\leqslant 1, 0\leqslant y_{t2}\leqslant 1$，由此得

$$g_5(\boldsymbol{X})=-x_3\leqslant 0$$
$$g_6(\boldsymbol{X})=x_3-1\leqslant 0$$
$$g_7(\boldsymbol{X})=-x_4\leqslant 0$$
$$g_6(\boldsymbol{X})=x_4-1\leqslant 0$$

综上所述，该问题是一个具有 4 个设计变量、8 个不等式约束、3 个分目标函数的多目标函数的优化设计问题。

9.3 小型标牌雕刻机的设计

9.3.1 设计目标和技术要求

设计目标和技术要求如下。

①加工工件尺寸 600 mm×400 mm×60 mm。

②最大运行速度 100 mm/s。

③最大雕刻速度 50 mm/s。

④定位精度 0.01 mm/300；重复定位精度±0.01 mm。

⑤其他。

主轴：主轴转速 3 000～30 000 rpm/min；主轴刀具＜ϕ6 mm。

可雕材质：有机玻璃、PVC 板、塑料、印刷用胶皮板、玉石等非金属材料

或铜、铝质等金属材料。

9.3.2 总体方案设计

(1)功能原理划分和工艺动作拟定。

标牌雕刻机的基本功能是在适合的平板型材料(大多为轻质材料)上进行浮雕刻划或切割分离,以获得所需的文字或图案,而文字或图案有连续也有断续,在某些特殊需要时可能在文字或图案的深度方向上有连续变化的要求(为了适当简化设计工作,本设计将不考虑此项功能需求)。对于使用刀具进行加工的雕刻机,实现这些功能的基本动作有:一个雕刻加工的主运动;一个刀具相对加工平板材料的雕刻成形运动。

对于雕刻加工主运动,根据现阶段的技术调研可知,一般选取雕刻刀具本身的运动为旋转运动,并设定为主运动。刀具相对工件的成形运动则选取三个相互独立又相互联系的直线运动来实现的形式最为简单。

对于有着连续或断续特征的文字或图案的加工,其功能工作原理可进一步分解得到不同的工艺动作。

功能工艺动作一:雕刻工作的主运动——雕刻刀的旋转运动;

功能工艺动作二:实现平面文字或图案刻划(切割)雕刻进给运动——平面内二维联动的两个直线运动;

功能工艺动作三:实现不同深度刻划(切割)以及连续(断续)文字或图案加工的切入/退刀运动——垂直于加工平面的独立的直线运动,以实现刀具或工件在刀具轴线方向的进刀(切入)和退刀动作。

由此可知,本设计的小型雕刻机所需主要执行机构应包括刀具回转主轴机构、二维联动平面(直线)运动机构、一维直线运动机构。

如设实现待雕刻加工的平板平面为 XY 平面,设定雕刻刀旋转轴线为垂直于该平面,且设为 Z 轴,则以刀具旋转为主动件,以雕刻的连续和断续文字或图案共存为目标,可得到本设计的雕刻机各执行机构运动的工作循环图,并设刀具和待加工工件停止状态下,均位于雕刻机的机械原点。如图 9-4 所示。

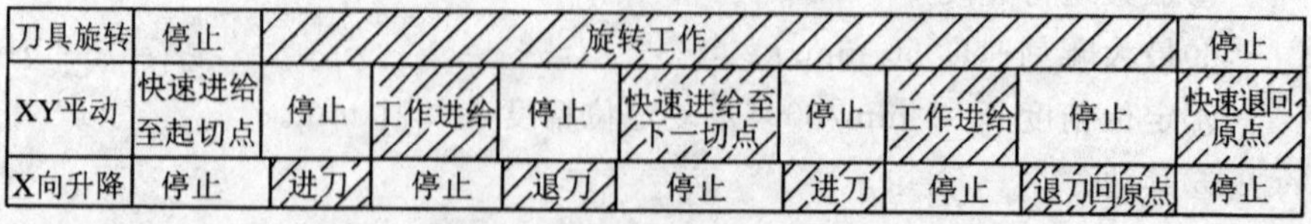

刀具旋转	停止	旋转工作							停止
XY平动	快速进给至起切点	停止	工作进给	停止	快速进给至下一切点	停止	工作进给	停止	快速退回原点
X向升降	停止	进刀	停止	退刀	停止	进刀	停止	退刀回原点	停止

图 9-4 雕刻机工作循环图

(2)运动方案设计。

对于实现平面文字或图案雕刻所需的三个运动,由图 9-4 所示的工作循环图可知,刀具旋转是一个独立运动,其运动方案设计相对简单而便于实现。故本雕刻机运动方案设计的关键是如何实现 XY 平动和 Z 向升降的进退刀以及停止运动的规律设计。随着实现相关功能的运动方案的不同,三个运动执行机构的设计也将有很大的不同。

可以实现该功能运动的方案有如图 9-5 所示的四种形式。

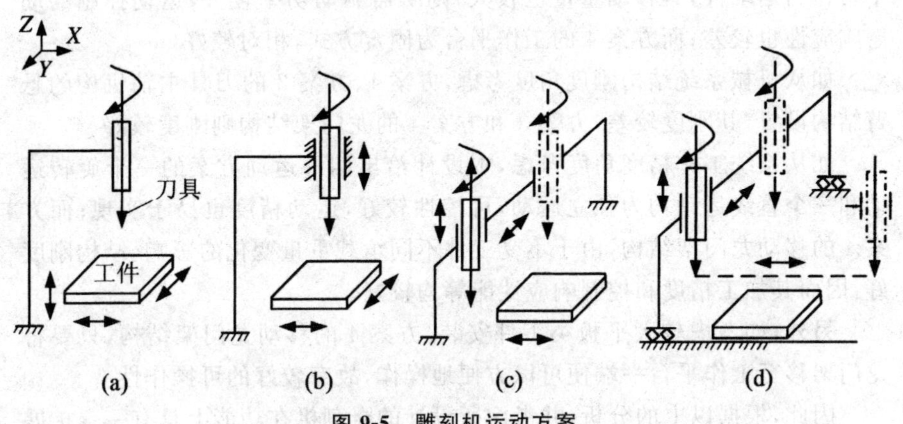

图 9-5 雕刻机运动方案

(a)方案 1;(b)方案 2;(c)方案 3;(d)方案 4

方案 1:刀具主轴机构悬臂设置,刀具做旋转运动;被加工工件在 X、Y、Z 三个方向作雕刻进给和切入/退刀运动;如图 9-5(a)所示。

方案 2:刀具主轴机构悬臂设置,刀具做旋转运动,并在 Z 向完成进/退刀直线运动;被加工工件在 XY 面作二维联动的雕刻进给运动;如图 9-5(b)所示。

方案 3:刀具主轴机构设置在固定龙门架上,刀具做旋转运动,同时,在龙门架上作 Y 向直线进给运动,并在 Z 向完成进/退刀直线运动;被加工工件仅在 X 向作一维雕刻进给运动;但是,XY 运动仍为二维联动的平面雕刻进给;如图 9-5(c)所示。

方案 4:刀具主轴机构设置在固定龙门架上,刀具做旋转运动,同时,在龙门架上作 Y 向直线进给运动,并在 Z 向完成进/退刀直线运动;龙门架在 X 向作一维进给运动,此时,XY 运动为二维联动的雕刻进给运动;工件相对固定不运动;如图 9-5(d)所示。

对于本设计的中等精度小型雕刻机来说,运动方案的选择可以主要从占用工作面积、机器系统刚度、运动可控性以及工作精度可保证性等方面来综合考虑。

如从占用生产面积角度考虑，由于一般标牌加工的原材料平板工件较大，方案1、方案2、方案3的工件作雕刻进给运动时，工作行程为平板（按设计任务书给定的最大加工尺寸计算）长或宽的两倍，而方案4的刀具主轴机构和龙门架的直线移动均为一个长或宽，故相对较好。

如从动力特性角度考虑，平板类工件的平面尺寸较大，需要安装在较大的工作平台上，对于方案1、方案2、方案3的工件作雕刻进给运动，即工作平台作为运动件，其移动重量也较大，则所需驱动功率较大，运动控制的动态响应性也较差；而方案4的工作平台为固定方式，相对较好。

如从机械系统结构刚度角度考虑，方案1、方案2的刀具主轴机构的悬臂结构设置，其刚度较差，方案3和方案4的龙门架结构则刚度较好。

如从系统工作精度角度考虑，本设计给出四种运动方案的一个旋转运动和三个直线运动均为独立运动，可控性较好，运动精度也易于实现；而方案4的移动龙门架结构，由于不受工件不同承载重量变化的影响，结构刚度好，因而其加工精度和控制响应性能等均较好。

另外，如考虑较大平板类工件安装，方案4的移动龙门架结构，只要将龙门架移至工作平台一端便可以方便地操作，故有较好的可操作性。

因此，根据以上的分析，并考虑所设计的雕刻机在功能上具有一定扩展能力，本设计选用方案4作为系统运动方案。

9.3.3 主运动传动设计及选型

根据设计任务书的给定条件，雕刻刀具主轴转速为3 000～30 000 rpm，主轴上的刀具夹具可以夹持小于或等于$\phi 6$ mm的不同刀具。从实现图案雕刻的主运动的角度来看，主运动传动链的末端工作执行件为雕刻刀具轴线的旋转运动，是一个外联系链，即其运动误差对雕刻加工的精度影响很小。主运动传动设计分析的主要工作是主运动驱动电机的选择及其传动机构的设计。对于实现旋转运动的主轴来说，可以提供的电机有三相异步电机、直流调速电机、控制电机、变频主轴电机。

精密高速主轴电机具有的高转速、高精度、低噪音、低振动、高速恒功率等特点，将能确保小直径雕刻刀具获得较高的切削线速度、较高的旋转精度、足够的高速切削力。虽然价格较高，但是现阶段随着相关制造和控制等技术的成熟，同时，可以直接在其输出轴上安装配套的刀具夹具，从而最大限度地缩短了主运动的传动链，使得这种电主轴的主运动系统体积小、重量轻，便于在需要在移动中工作的加工装置中使用，已成为雕刻机的主运动动力源的主流选项。因此，本设计的雕刻刀的旋转主运动选择主轴电机作为动力源。

9.3.4 主轴电机的参数计算和选择

根据设计要求，主轴电机需满足雕刻刀的 3 000～30 000 rpm 高速转速切削运动，即最大转速为 $v_s=30\ 000$ rpm；可使用的雕刻刀具半径≤ϕ6 mm，同时可以对不同材料进行雕刻，而雕刻刀具的加工过程近似铣削加工，其主切削力 F_z 由材料硬度和切削深度、进给量、刀具齿数及阻力等决定。

(1)雕刻刀具的选择。

根据设计要求，雕刻刀具主要可雕刻的材质有有机玻璃、PVC 板、木材、铝塑板、密度板及各类金属板材等，根据不同材料的硬度选择适用的刀具，刀具的形式、直径、长度各不相同，当刀具长度较长时刀具直径随之增大，其在主轴电机上的安装可以选用夹具型号为 ER11 的专用夹具，可夹持的雕刻刀具直径为 3.175～6 mm，在此刀具直径范围内的常用刀具长度为 33～80 mm。根据设计要求的刀具最大直径为 ϕ6 mm 来选择合适长度的雕刻刀具，常用的刀具主要有以下几种类型：单刃直槽尖刀、双刃直槽尖刀、三棱刀、平底尖刀、四棱刀、双刃铣刀、球头铣刀。对应的刀具材质多为高速钢或硬质合金。

(2)雕刻材料的硬度(洛氏硬度)。

胶木板的布氏硬度 HB=39～40；PVC 的布氏硬度 HB=59～100；有机玻璃的硬度 6～7；玉石的硬度 4～6；铜的硬度 37(HB=350)；铝的硬度 20～35(HB=228～330)。为了满足对多种材料的雕刻加工，现选择材料硬度相对较高的金属铜材料来计算进行加工时的最大切削深度和产生的摩擦阻力、驱动功率、轴向力作为参考值，以此进行相应的计算。

(3)主参数的计算。

主切削力：由铣削加工主切削力计算的经验公式为

$$F_z = 167 k_f a_e^{0.86} a_f^{0.72} d_0^{-0.86} Z a_p$$

本设计要求的单齿进给量 $a_f=0.01$ mm，背吃刀量设定为 $a_p=10$ mm，雕刻刀具直径取 $d_0=6$ mm，取参数雕刻刀齿数 $Z=2$，当量进给量 $a_e=0.4d_0$。

材料硬度和刀具角度的修正系数(取 $\gamma=15°$，铜 HB=350)

$$k_f = 0.92\left(\frac{350}{190}\right)^{0.55} = 1.287$$

则最大主切削力

$$F_z = 167 \times 1.287 \times 2.4^{0.86} \times 0.01^{0.72} \times 6^{-0.86} \times 2 \times 10$$
$$= 70.974\ \mathrm{N}$$

X、Y、Z 各向切削分力分别为

$$P_y = (1.0 \sim 1.2)F_z;P_x = (0.35 \sim 0.40)F_z;$$
$$P_z = F_a = (0.2 \sim 0.3)F_z$$

一般可取为

$$P_y = 1.1F_z;P_x = 0.375F_z;P_z = 0.25F_z$$

雕刻速度

$$v_s = \frac{\pi d_0 n}{1\,000} = 565.5\ \mathrm{rpm}$$

最大切削功率

$$P = \frac{F_z v_s}{60 \times 1\,000} = \frac{70.974 \times 565.5}{60 \times 1\,000} = 668.93\ \mathrm{W}$$

驱动力矩

$$T = F_a \times \frac{d_0}{2} = 70.974 \times 0.25 \times 3 \times 10^{-3} = 0.053\ \mathrm{N \cdot m}$$

根据计算所得驱动功率和刀具夹具等综合条件，满足功率要求及转速要求的雕刻机主轴电机，可供选择为×××机电设备制造有限公司生产的数控雕刻机用恒转矩电主轴，型号为 JGD-62/0.8-2，转速为 30 000 rpm，功率为 0.8 kW，额定电压 $U = 220$ V，额定电流 $I = 2.2$ A，频率为 500 Hz，整电主轴的重量为 3.6 kg，夹头型号为 ER11，油脂润滑方式，冷却方式为水冷。

9.3.5 机械结构设计

整体结构和机械零件的设计是在装配图设计和计算等交叉活动中协调实现的，需要有多次修改和平衡计算等工作，在此仅以示例方式给出本设计中几个主要机械设计的思考方法。

(1)主轴电机的安装。

根据所选择的电主轴参数及其安装方式，其为端面定位方式，即利用其本身具有的“定位环”($\phi D1$)实现主轴轴线的径向定位，以主轴主端面(ϕD 与 $\phi D1$ 间的台阶端面)作为主定位面，在电机座上实现 5 个自由度的配合安装，并利用端面的螺钉孔来实现夹紧(也有一些主轴电机没有在端面设置螺孔)；由于主轴电机轴向尺度较大，且在工作中多方向地频繁移动，在电机的中部利用一个可调紧的压环来辅助夹紧(对于没有在端面设置夹紧螺钉孔的，则必须采用压环紧环来实现电机的夹紧）。并通过设计一个独立的电机座与 Z 向进给运动移动平台连接，实现 Z 向的进给运动。结构示意如图 9-6 所示。

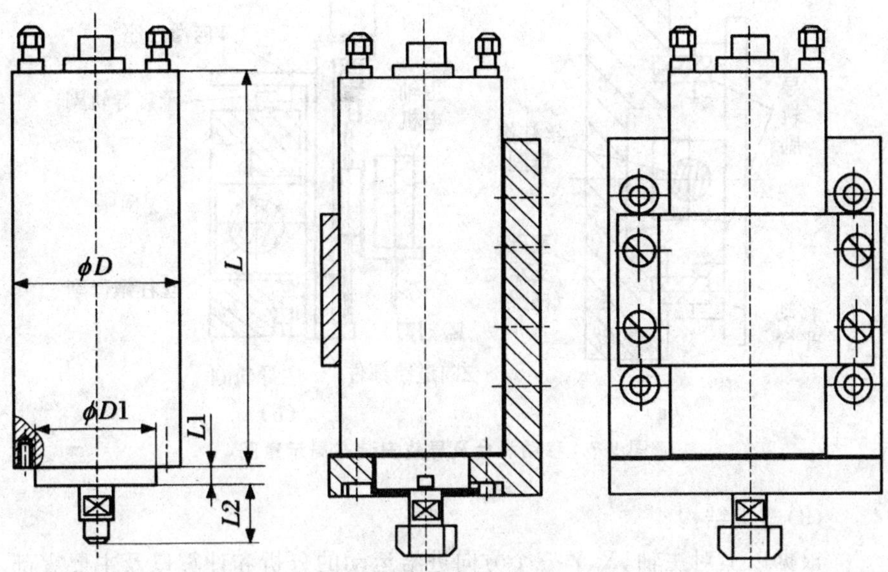

图 9-6　电主轴在移动台上固定示意图

(2)导轨的选取及安装布局。

根据传动系统的设计分析，直线运动的工作执行件为移动平台，则必须设置导轨，虽然导轨的形式有多种，但目前，在精密传动系统中已普遍采用直线滚动导轨副（含导轨和滑块组件），其中主要有矩形导轨和圆柱形导轨，并已模块化、系列化。根据本设计的实际载荷特性，三个直线运动的导轨均选取为矩形的线性滚动导轨副，并由每个方向的承载特性和大小分别计算和选取相应的产品。

在利用丝杠螺母副来实现移动平台的直线运动的结构设计中，导轨与丝杠轴的布局和跨距等设计计算有多种不同方式。本设计从精度优先原则（如阿贝原则），选取丝杠轴线相对两导轨为中间对称布置，如图 9-7(a)所示。

对于本设计的 Y 向进给系统，由于包含主轴电机的 Z 向进给机构是通过 Y 向滚珠丝杠螺母带动在龙门架横梁上做直线运动，即丝杠副和导轨副将位于一个垂直平面，如图 9-7(a)所示，由于整个主轴和 Z 移动机构的载荷较大，这种常规布置方式将直接影响导轨的精度和丝杠传动精度。因此，设计中在横梁上方设置一个承载导轨为副导轨，在横梁侧面与丝杠轴线在同一垂直平面内设置一个主导轨为导向导轨,如图 9-7(b)所示。从而既能有效地提高系统的刚度,又能满足精度设计原则。

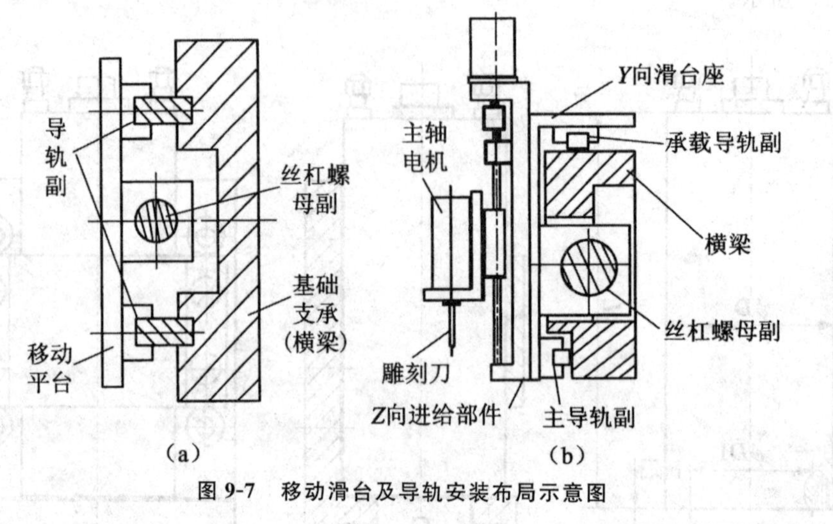

图 9-7　移动滑台及导轨安装布局示意图

(3)整机结构。

根据以上对主轴、X、Y 三个方向进给运动的分析和计算以及主要零部件的选型、定型,结合装配结构和零部件结构及其基础支承等连接的设计,设计完成的小型标牌雕刻机主要结构外形如图 9-8 所示,最大外形为 900 mm×550 mm×380 mm,其中,工作台底座为 900 mm×550 mm,最大进料宽度为 450 mm,最大进料高度为 100 mm。

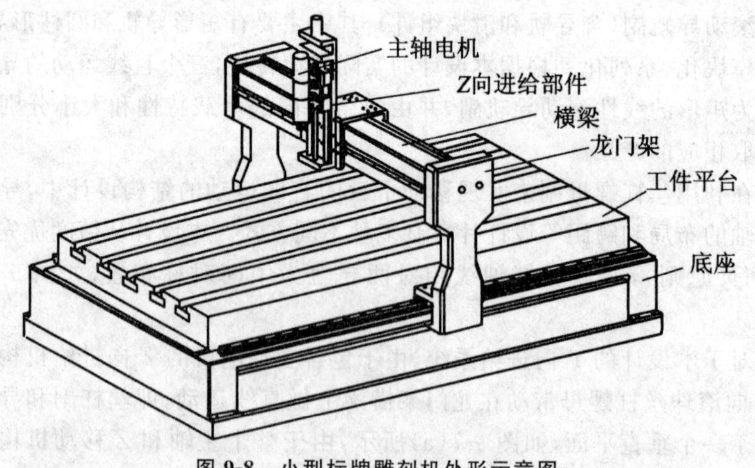

图 9-8　小型标牌雕刻机外形示意图

9.4 机械系统仿真设计实例

传统的汽车设计过程是零部件设计方法。工程师首先进行零部件设计,然后将零部件组装成物理样机,并通过试验研究系统的运动,这样一款新车的开发常常需要若干年,耗资也十分巨大。而采用机械系统仿真技术,工程师在物理样机试验之前就可以进行有关乘坐舒适性、操纵稳定性等方面的计算机仿真,研究虚拟样机在各种操纵工况下的性能,在汽车早期开发阶段就完成整车的优化设计工作,避免代价昂贵的失误。

以下就采用 ADAMS 对江淮汽车集团开发试制中的 AL6700DH 轻型客车的性能进行仿真试验研究。实践表明,应用仿真技术,可以明显提高设计成功率,缩短设计周期,降低设计成本。

9.4.1 整车模型的建立

汽车是一个极其复杂的机械系统,根据研究目的的不同,可以建立不同形式的汽车模型。

根据分析问题的需要,将汽车分为几个模块——车身,座椅(包括驾驶员座椅及乘员座椅),车架,动力总成,前、后车轴,悬架系统,轮胎,以下分别进行讨论。

(1)车身。

为了分析问题的方便,将车身看作是刚体。在 ADAMS 中,对于一个刚体,在定义过程中要求输入质量、质心位置、转功惯量等一些参数。对于有参考样品的情况,采用试验技术可以准确地测定这些数据。但是,在产品的设计阶段,用试验手段显然是不符合实际情况的。要得到较为准确的参数,可以借助以下两种方法进行。

①手工解析计算:对于结构简单且可分解成具有近似规则几何形状的几部分的情况,可以应用有关的力学知识进行手工解析计算。

②借助几何实体造型软件计算:目前常用的一些几何实体造型软件,如 UG、Pro/Engineer、Mechanical Desktop 等都能够在构造几何实体的同时非常精确地计算出这些几何实体的质量、质心坐标、转动惯量等。这项功能对于那些几何形状极其复杂,根本无法用手工计算来完成这项工作的物体来讲是极为方便的。

(2)座椅。

汽车座椅一般都有海绵或弹簧坐垫,简单地将其视为一个刚体是不恰当的。为了得到较为准确的结果,应当将其看作是置于弹性基础上的刚体,即是以弹簧与车架联系的刚体。在进行整车仿真分析时,通常要对空载和满载情况分别进行分析。满载质量的变化就反映在座椅的质量变化上。除了驾驶员座椅的质量应该保持不变外,乘员座椅在满载时的质量应该为空载时的质量加上一个乘员的平均质量。

(3)车架。

车架碰到的问题与车身有类似之处,但是车架的刚性要较车身的刚性大得多,所以通常也将车架视为刚体。至于车架的质量、质心位置、转动惯量等也可以参照车身的计算方法。

(4)动力总成。

汽车的动力总成包括发动机、离合器、变速箱等总成。在行驶过程中,由于一些不平衡质量的高速回转,发动机、变速箱也会发生剧烈抖动,这些激振源的存在,严重地恶化了汽车的行驶平顺性。由于研究的重点是悬架系统对整车产生的影响,因此假定动力总成在行驶过程中本身不产生振动,只是一个刚体。在这个假设基础上可以将动力总成与车架看作一个刚体。

(5)轮胎。

轮胎模型是汽车建模中比较复杂的一个部分,在 ADAMS 中有一个专门进行轮胎建模的模块——ADAMS/Tire。ADAMS 中采用的理论分析模型是得到国际认可的 Fiala 弹性圆环模型。ADAMS 中轮胎模型需要输入的参数主要有以下几项。

①轮胎类型,如 Fiala、Smither、Uatire。

②自由半径。

③宽度。

④径向刚度。

⑤纵向滑移刚度。

⑥侧偏刚度。

⑦外倾刚度。

⑧径向相对阻尼系数。

⑨滚动阻力系数。

⑩滚动阻力矩。

⑪静摩擦系数。

⑫动摩擦系数。

(6)前、后车轴。

前、后车轴一般是壁结构,特别是后桥结构更为复杂。但前、后车轴是非悬置质量,由于主要研究对象是座椅、地板的振动,所以从简化问题的角度出发,将前、后车轴看作刚性的圆柱体。

(7)整车模型的建立。

有了以上所建的各部分的多刚体动力学模型,下面可以将它们组合成一个完整的整车模型,其结构框图如图 9-9 所示,整车模型如图 9-10 所示。

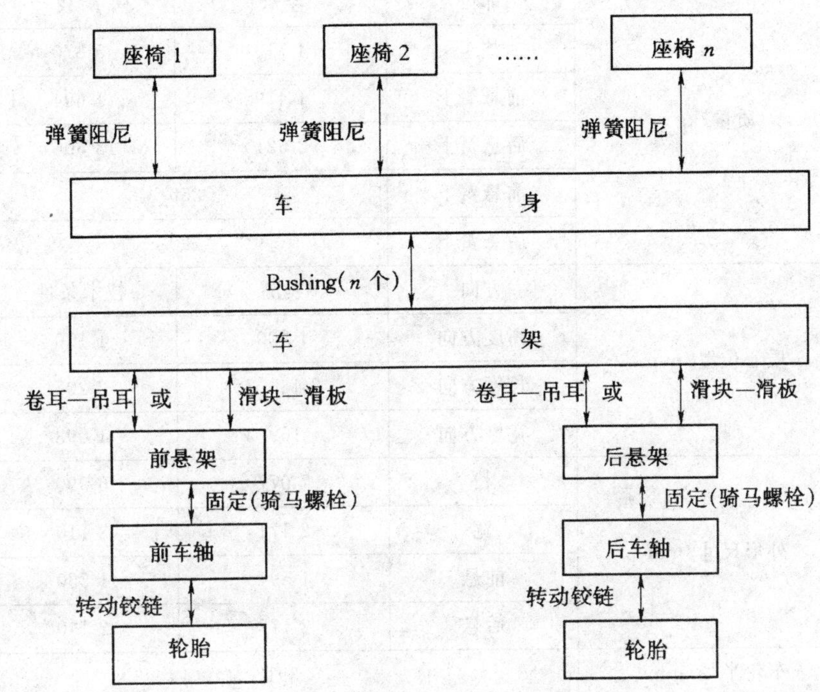

图 9-9　整车模型的结构框图

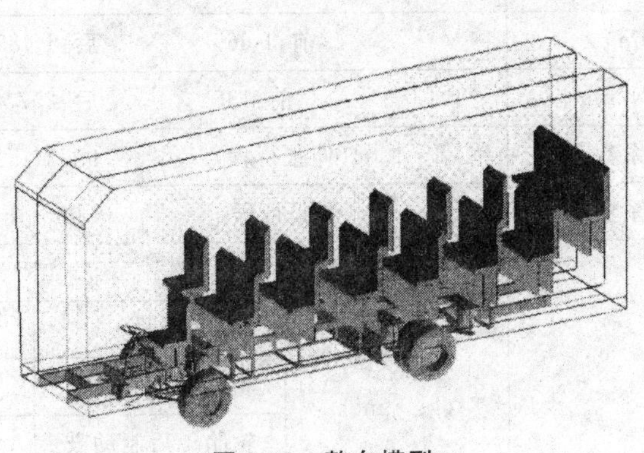

图 9-10　整车模型

9.4.2 仿真模型所用的原始数据

仿真模型的主要数据资料如表 9-1 所示。

表 9-1 仿真模型所用的数据资料

数据名称	主要数据资料		
质量/kg	部位	空载	满载
	整车	4 710	5 870
	前悬簧上	1 419	1 694
	后悬簧上	2 621	3 506
	前悬簧下	250	
	后悬簧下	420	
质心位置/mm	方向	实测	技术条件
	高度方向	1 200	1 100
	长度方向	2 130.7	2 207
	宽度方向	1 169.3	1 093
外形尺寸/mm	长	7 077	6 990
	宽	2 171	2 110
	前悬	1 594	1 550
	后悬	2 177	2 140
车轮半径/mm	391		
轴距/mm	3 300		
轮距/mm	前:1 665	后:1 485	
悬架刚度/(N/mm)	前:135	后:257	
前悬阻尼系数	1.54(伸张行程)	6.73(压缩行程)	
后悬阻尼系数	1.92(伸张行程)	8 065(压缩行程)	
轮胎	型号	7.50R16	
	转动惯量/(kg·m^2)	轮胎	2.137
		轮胎+前制动鼓	3.722
		轮胎+后制动鼓	3.744

续表

<table>
<tr><th>数据名称</th><th colspan="3">主要数据资料</th></tr>
<tr><td rowspan="5">车身内部尺寸/mm</td><td>宽</td><td colspan="2">2 007</td></tr>
<tr><td>高</td><td colspan="2">1 855(1 845)</td></tr>
<tr><td>过道离地高度</td><td colspan="2">740</td></tr>
<tr><td>客座离地高度</td><td colspan="2">890</td></tr>
<tr><td colspan="3">共 6 排乘客座椅,最后一排 5 座</td></tr>
<tr><td rowspan="3">钢板弹簧尺寸/mm</td><td>部位</td><td>宽度</td><td>(主片)伸直长度</td></tr>
<tr><td>前钢板弹簧</td><td>76</td><td>1 300</td></tr>
<tr><td>后钢板弹簧</td><td>76</td><td>1 400</td></tr>
</table>

9.4.3　偏频仿真模型描述

进行测定偏频的仿真试验时,完全模拟实车试验时采用的试验规范:测定前悬固有频率时,将汽车两个前轮静置于高 120 mm 的台阶上,然后用人力将汽车轻轻地推下台阶。测定后悬固有频率时的方法与测定前悬的操作规程相同。

在 ADAMS 中,路面是由一系列三角形平面单元组合成的一个三维表面,如图 9-11 所示,它是由 A、B、C、D 四个三角形单元拼成的。对每一块单元都可以定义不同的路面属性,如附着系数等。

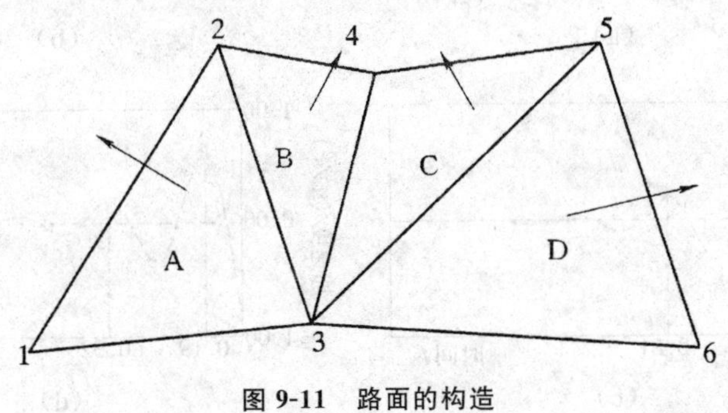

图 9-11　路面的构造

测定前、后悬偏频时构造的路面的三维示意图如图 9-12 所示。

台阶高度为 120 mm,进行试验仿真时,将前轮(测前悬固有频率)或后轮(测后悬固有频率)初始位置置于由 5、6 两个单元组成的台阶平面上。分析过程中需要记录时间历程响应的特征点有以下几个。

①车轴中心。

②前、后车轴正上方地板处的点。

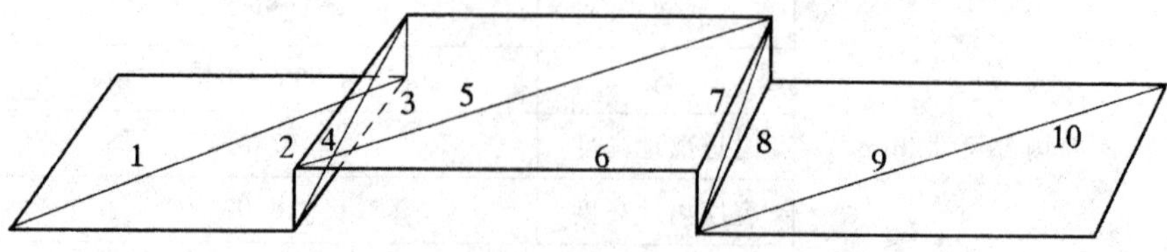

图 9-12　测定前、后悬偏频时构造的路面

因为 ADAMS 中提供了一个非常有效的、定义特征点的概念，即 Mark（标记），它使我们可以在任意位置进行定义。然后在仿真分析之前再对这些特征点定义相应的要求。最后可以得到这些标记特征点的时间历程响应，从响应曲线中可以得到前、后悬偏频。

9.4.4　偏频仿真结果

仿真分析的结果曲线如图 9-13 所示。

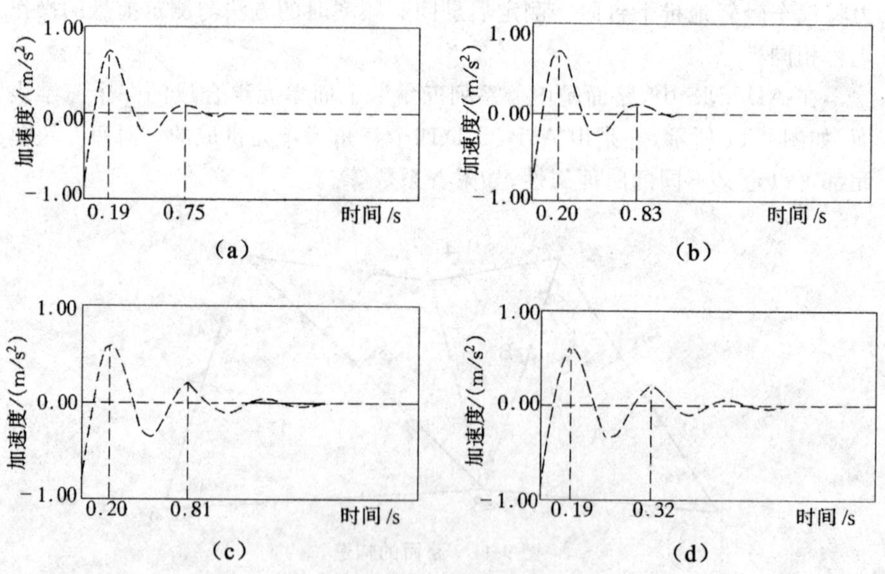

图 9-13　偏频试验仿真结果曲线

(a)空载前悬偏频；(b)满载前悬偏频；(c)空载后悬偏频；(d)满载后悬偏频

从图中可以得出：

空载时：前悬偏频，$p_{前}=1.70$ Hz；后悬偏频，$p_{后}=1.66$ Hz

满载时：前悬偏频，$p_{前}=1.59$ Hz；后悬偏频，$p_{后}=1.58$ Hz

实车试验测试的结果为：

空载时：前悬偏频，$p_{前}=1.72$ Hz；后悬偏频，$p_{后}=1.67$ Hz

满载时：前悬偏频，$p_{前}=1.63$ Hz；后悬偏频，$p_{后}=1.59$ Hz

由此可以看出，仿真结果是很准确的。

参考文献

[1]江洁. 机械系统设计的多视角研究[M]. 北京:水利水电出版社,2018.

[2]朱龙根. 机械系统设计[M]. 2 版. 北京:机械工业出版社,2017.

[3]段铁群. 机械系统设计[M]. 北京:科学出版社,2017.

[4]王翔,李永新. 机械系统综合设计[M]. 合肥:中国科学技术大学出版社,2013.

[5]孙月华. 机械系统设计[M]. 北京:北京大学出版社,2012.

[6]钟志华,周彦伟. 现代设计方法[M]. 武汉:武汉理工大学出版社,2001.

[7]赵韩,黄康,陈科. 机械系统设计[M]. 2 版. 北京:高等教育出版社,2011.

[8]李强,李丽. 实用现代机械设计方法[M]. 北京:机械工业出版社,2012.

[9]臧勇. 现代机械设计方法[M]. 2 版. 北京:冶金工业出版社,2011.

[10]网安麟,姜涛,刘广军. 现代设计方法[M]. 武汉:华中科技大学出版社,2010.

[11]谢里阳. 现代机械设计方法[M]. 北京:机械工业出版社,2010.

[12]胡胜海. 机械系统设计[M]. 哈尔滨:哈尔滨工业大学出版社,2009.

[13]裘祖荣. 机密机械设计基础[M]. 北京:机械工业出版社,2007.

[14]覃文洁,程颖. 现代设计方法概论[M]. 北京:北京理工大学出版社,2007.

[15]倪洪启,谷耀新. 现代机械设计方法[M]. 北京:化学工业出版社,2008.

[16]朱立学,韦鸿钰. 机械系统设计[M]. 北京:高等教育出版社,2012.

[17]侯秀珍. 机械系统设计[M]. 哈尔滨:哈尔滨工业大学出版社,2003.

[18]周堃敏. 机械系统设计[M]. 北京:高等教育出版社,2009.

[19]柳洪义. 机械工程控制基础[M]. 北京:科学出版社,2006.

[20]高铁红，曲云霞.控制工程基础[M].北京：中国计量出版社，2006.

[21]胡贞，李明秋.控制工程基础[M].北京：国防工业出版社，2006.

[22]段阳.现代机械优化设计方法[M].北京：化学工业出版社，2005.

[23]高鹏，谢里阳.基于改进发生函数方法的多状态系统可靠性分析[J].航空学报，2010(05)：934-939.

[24]谢里阳.机械可靠性理论、方法及模型中若干问题评述[J].机械工程学报，2014(14)：27-35.

[25]丁言武.机械设计系统控制模型优化研究[J].淮南职业技术学院学报，2014，14(03)：19-21.

[26]刘洁.机械系统静态特性的有限元耦合分析研究[J].机械与电子，2014(05)：37-40+44.

[27]王博生.机械系统可靠性设计论析[J].科技风，2011(17)：98.

[28]许鹏辉，韩青.机械工程可靠性优化设计[J].林业机械与木工设备，2012，40(01)：49-50.

[29]邱继伟，张瑞军，丛东升，等.机械零件可靠性设计理论与方法研究[J].工程设计学报，2011，18(06)：401-406+411.

[30]王伟伟，杨福馨，胡安华.包装产业的低碳技术研究与应用[J].包装学报，2010，2(04)：42-45.

[31]袁向玉.石灰石螺旋给料机密封系统改造[J].工业设计，2012(01)：100-101.

[32]王瑾.面向环境的产品设计制造及应用研究[J].机械管理开发，2011(01)：59-60.

[33]郭德伟，李丽，俞利宾，等.大棚蔬菜移栽机的设计[J].农机化研究，2016，38(12)：132-135.

[34]王宇航，蔡婷婷，蔡雪.智能机器人用摄像头转动装置结构设计[J].装备制造技术，2017(11)：37-38.

[35]段明亮.60吨双柱可倾压力机传动机构[J].锻压装备与制造技术，2018，53(02)：57-58.

[36]朱丽辉.浅析数控加工中的电机及其伺服驱动[J].科技信息，2010(07)：513+529.

[37]付彩虹.面向全生命周期和再制造工程的转子驱动直线振动工具的研发[D].东北大学，2011.

[38]张娟.大重合度变速器齿轮的承载能力研究[D].合肥工业大学，2014.

[39]张伟强.一种新型换挡离合器的设计与工作特性仿真[D].郑州大

学,2011.

[40]侯少毅.混合驱动机构构型综合及优化设计研究[D].重庆大学,2008.

[41]李杨.纸桶防潮性能研究与设备开发[D].天津科技大学,2013.

[42]吕艳.产品“再设计”的设计理论与方法研究[D].昆明理工大学,2014.

[43]李素云.现代机械系统设计规律及制图理论探究[M].长春:吉林大学出版社,2017.

[44]高振清.现代机械系统设计规律与方法研究[M].长春:吉林大学出版社,2016.

[45]魏宏波,严绍进,武振锋.现代机械设计原理与应用研究[M].北京:中国水利水电出版社,2013.

[46]赵亚忠,解芳.现代机械工程理论与设计研究[M].长春:吉林大学出版社,2014.

[47]孙兴伟,胡伟文,田静.现代设计方法:机械优化设计及其应用研究[M].北京:中国电力出版社,2016.

[48]李跃,李文春,徐晗.机械设计总论及设计理论与方法研究[M].北京:中国电力出版社,2016.

[49]杨赫然,李平,阳赟.机械设计问题的优化理论研究[M].北京:中国原子能出版社,2017.